AF536336

KLEIN GEWERBE GRÜNDEN

MARKUS WEHMER

für Anfänger

Schritt für Schritt

Wie Sie sich ganz einfach nebenberuflich selbstständig machen *inkl. allen wichtigen Anleitungen, Checklisten, Unterlagen und Informationen*

INHALT

1. Das Kleinunternehmen

Ein Kleinunternehmer macht sein Testament. „Wenn ich sterbe, soll meine Leiche verbrannt werden." Der Notar fragt: „Und die Asche?" Antwort: „Die schicken Sie ans Finanzamt, mit dem Vermerk: Nun habt ihr alles!" Wie Sie an diesem sarkastischen Witz erkennen können, hält sich hartnäckig der Mythos, Deutschland wäre im weltweiten Vergleich einzigartig in der Abgaben- und Steuerlast und in keinem Land der Welt würde den Bürgern so tief in die Tasche gegriffen. Gerade Selbstständigen würden bürokratische Hürden und Auflagen den Weg in die Unabhängigkeit erschweren.

Deutschland ist keineswegs ein Hochsteuerland, denn im internationalen Vergleich liegt die Bundesrepublik eher im Mittelfeld. Wenn Sie den Weg in die (Teil-) Selbstständigkeit gehen möchten, bedarf es allerdings einer guten Vorbereitung und eines Basiswissens, das ich Ihnen vermitteln möchte, damit Sie gut vorbereitet sind und Fehler vermeiden, denn gerade im Umgang mit dem Finanzamt passt der Ausspruch „Unwissenheit schützt vor Strafe nicht".

Haben Sie gewusst, dass 2,6 Mio. Kleinstunternehmen in Deutschland existieren (Stand 2018) und fast 99,4 % kleine oder mittelständische Unternehmen den Gesamtanteil aller Unternehmen ausmachen?[1]

Auf der Suche nach einem nebenberuflichen Einkommen oder als erster Schritt für Gründer erfreut sich das Kleinunternehmen steigender Beliebtheit. Als Unternehmen wird eine organisierte Institution bezeichnet, die das Ziel hat, Gewinne zu erwirtschaften. Wie der Name sagt, handelt es sich bei einem Kleinunternehmen um die kleinste Einheit, wobei sich die Namensgebung lediglich auf das zu erzielende Einkommen oder die Mitarbeiteranzahl bezieht. Als rechtlich verbindliche Unternehmensform gibt es diesen Titel nicht. Um dennoch eine Unterscheidung vornehmen zu können, orientieren wir uns hier an der Definition der Europäischen Kommission für die kleinen und mittelständigen Unternehmen, kurz KMU genannt. Kleinstunternehmen werden dort mit max. 9 Beschäftigten und einem Jahresumsatz bis max. 2 Mio. Euro definiert, Kleinunternehmen mit max. 49 Beschäftigten und einem Jahresumsatz bis 10 Mio. Euro. Wichtige Ausnahmen

[1] Statistisches Bundesamt, Destatis.de, 2021

bilden die **Kleinunternehmerregelung** und das **Kleingewerbe**, denn für diese gelten zwei **eigenständige Sonderregelungen**.

Wer insgeheim gehofft hat, ein Kleingewerbe sei eine „Kleinigkeit" in Sachen Rechte und Pflichten, wird feststellen, dass Erleichterungen in der steuerlichen Führung und Registrierung winken, aber dennoch eine saubere Buchführung und pünktliche Meldungen und Zahlungen an das Finanzamt verlangt werden. Einem gewissen Maß an bürokratischem Aufwand werden Sie sich also nicht entziehen können. Im weiteren Verlauf wird sich aber der Schleier lüften und Sie erhalten zahlreiche Erläuterungen, Tipps und Tricks, die Ihnen helfen werden, diese Aufgaben erfolgreich zu bewältigen.

Laut einer repräsentativen Umfrage des Forsa-Institutes von Dezember 2019 geht nur jeder zweite Deutsche gern zur Arbeit. Jeder Dritte ist mit seinem Vorgesetzten so unzufrieden, dass er in den letzten 12 Monaten über eine Kündigung nachdachte. Von den rund 1000 Befragten gaben 28 % mangelnde Wertschätzung und unzulängliche Kommunikation als Unzufriedenheitsgrund mit den Vorgesetzten an. Vier von fünf Arbeitnehmern spüren die direkte Auswirkung von Stress und Unzufriedenheit nach der Arbeit und leiden unter Schlafstörungen, Anspannung und Unruhe. Mangelnde Motivation und absteigende Produktivität sind die Folgen für deutsche Unternehmen. Verhaltensmediziner sind sich einig, dass ein unglücklich machender Arbeitsplatz das Risiko für Herz- und Kreislauferkrankungen und depressive Leiden verdoppelt. Mangelnde Aufstiegschancen, wenig Belohnungen oder Lob für geleistete Arbeit, Angst um den Arbeitsplatz und fehlende nachhaltige Sinnhaftigkeit des Jobs frustrieren auf Dauer. Wen wundert es, dass sich eine Vielzahl von Angestellten danach sehnen, lieber selbst etwas zu gestalten als „gestaltet zu werden"? Wenn sich neben dem Job eine Gelegenheit bietet, seine eigene Kreativität auszuleben, sich frei ohne Regularien „von oben" zu organisieren und unmittelbar dafür die Früchte zu ernten, kann das einen enormen Motivationsschub auslösen und tiefe Befriedigung geben.

Etwas in Eigenregie zu „unternehmen", um finanzielle Vorteile zu erwirtschaften, ist so alt wie die Menschheit selbst. Der erste namentlich erwähnte Unternehmer lebte in Babylon und wurde mit Zwiebeln erfolgreich. In Keilschrift ist überliefert, wie er beobachtete, dass die Bauern Zwiebeln für den Eigenverbrauch anbauten, jedoch nicht auf dem Markt verkauften. So wurde die Idee des

Zwischenhändlers geboren.[2] Wenn Sie sich gerade mit der Idee einer Selbstständigkeit beschäftigen bzw. sich eine zusätzliche Einnahmequelle eröffnen möchten, haben Sie vielleicht schon ein wenig recherchiert oder sich eingelesen. Nicht selten erfahren der anfängliche Enthusiasmus und der Unternehmergeist dabei einen Dämpfer, da viele Fachbegriffe den Ratsuchenden entmutigt und verwirrt zurücklassen. Ratgeber gibt es viele, aber oft werden zentrale Themenbereiche nicht hinreichend erklärt oder ganz ausgelassen. Nicht jeder kann in seinem Lebenslauf auf Erfahrungen im Steuerrecht zurückgreifen oder kennt sich in der Administration einer Organisation, wie z. B. eines Büros, aus. Vielleicht scheuen Sie die bürokratischen Schritte oder brauchen Hilfe beim Ausfüllen von Formularen. Ich möchte Ihnen Mut machen, denn hier finden Sie alle Schritte in leicht verständlicher Weise - und auch für den Laien nachvollziehbar - erklärt. Im Nachhinein werden Sie vielleicht erstaunt sein, wie unkompliziert Sie Ihre Gründung durchgeführt haben, und können bald mitreden, wenn Sie sich im Kreise von Selbstständigen unterhalten.

Kleinunternehmer sein und werden können Existenzgründer, Start-Ups, Familienbetriebe, Freiberufler, Franchise-Unternehmer, aber auch ALG-I-Empfänger (deren selbstständige Nebeneinkünfte bis zu einer Obergrenze nicht auf das Arbeitslosengeld angerechnet werden und die somit weiterhin Arbeitslosengeld beziehen können, wenn sie dem Arbeitsmarkt zur Vermittlung zur Verfügung stehen), Empfänger von Grundsicherung (Hartz-IV) und Rentner (die sich innerhalb der Umsatzgrenze bewegen), Hausfrauen und Berufstätige.

Jede Person mit einer Idee, einer Vision oder einer Leidenschaft kann zu einem Unternehmer werden, auch Sie! Ob Sie dabei erfolgreich sind, hängt unter anderem von einer guten Vorbereitung ab. Sind Sie bereit für den Ausflug in das Steuerrecht?

---

[2] Vgl. Cornelia Wunsch, Neo-Babylonian Entrepreneurs, 2010, S.40-61, Princeton, David S. Landes/Joel Mokyr/William J. Baumol

2. Wer sind Kleingewerbetreibende?

Jede eigenverantwortlich unternehmerische Tätigkeit wird als Gewerbe bezeichnet. Dazu zählen Industrie- und Handwerksbetriebe, Händler aller Art und die meisten Dienstleistungen. Die allgemeinen Regeln für den geschäftlichen Umgang sind im Bürgerlichen Gesetzbuch (BGB) festgelegt, für Kaufleute finden sich die speziellen Vorschriften im Handelsgesetzbuch (HGB). Vorab eine gute Nachricht: Als Kleingewerbe brauchen Sie sich weder in das Handelsregister eintragen zu lassen noch müssen Sie die meisten Gesetze und Pflichten von Kaufleuten beachten.

In der Regel handelt ein Kleingewerbe im geringen Umfang und nimmt die Kleinunternehmerregelung in Anspruch. Das HGB definiert als Kleingewerbe alle Unternehmensformen, die einen „nach Art und Umfang in kaufmännischer Weise eingerichteten Geschäftsbetrieb nicht erfordern" (§ 1, Absatz 2, HGB), daraus ergibt sich die Tatsache, dass nur natürliche Personen und Gesellschaften bürgerlichen Rechts ein Kleingewerbe gründen können. Als anschauliches Beispiel wäre hier eine Eisdiele, ein Kiosk oder eine Gaststätte zu nennen, die keine Buchhaltung im Sinne der doppelten Buchführung einrichten muss. Aus dieser etwas offenen Umschreibung ergibt sich weder im HGB noch in der Gewerbeordnung (GewO) eine offizielle Rechtsbezeichnung mit dem Namen „Kleingewerbe", es ist lediglich ein umgangssprachlicher Name für ein kleines Gewerbe bzw. eine kleine Unternehmensgründung.

Ein Kleingewerbe lässt sich in der Regel schnell und einfach gründen und anmelden und ist ideal für nebenberufliche Gründer/-innen, denn die vereinfachte Buchführung erleichtert Ihnen den Umgang mit dem Finanzamt und spart Ihnen Zeit. Es gibt Berufsgruppen, die zwar selbstständig tätig sind, aber nicht unter einem Gewerbe geführt werden dürfen. Es handelt sich dabei um alle freiberuflichen Tätigkeiten sowie land- und forstwirtschaftliche Betriebe. Freiberufler sind z. B. Ärzte, Journalisten, Steuerberater, Notare und Künstler.

Typische Kleingewerbe sind z. B. Schuhmacher, Änderungsschneidereien, kosmetische und mobile kosmetische Dienstleister wie etwa Fußpflege, Ernährungsberater und Gastwirtschaften.

2.1 KLEINUNTERNEHMERREGELUNG § 19 USTG

Die Kleinunternehmerregelung ist eine Sonderregelung im Umsatzsteuergesetz (UStG) und richtet sich an Kleinunternehmer mit dem Zweck, diese von der Umsatzsteuervoranmeldung, die im Zuge der Regelbesteuerung monatlich zu erklären ist, zu befreien. Unternehmen mit geringen Umsätzen haben somit eine bürokratische Erleichterung und werden weitestgehend wie Nichtunternehmer behandelt. Als Unternehmer dürfen Sie sich für diese Anwendungsform entscheiden, müssen es aber nicht. Die Kleinunternehmerregelung darf nur in Anspruch nehmen, wer im Vorjahr nicht mehr als 22.000 € Gesamtumsatz und im laufenden Geschäftsjahr nicht mehr als 50.000 € Umsatz (Stand 2021) generiert hat bzw. voraussichtlich generieren wird.

Ein Augenmerk sollten Sie darauf legen, dass Umsatz nicht mit Gewinn gleichzusetzen ist. Ihr Umsatz ist lediglich die Summe an Einnahmen, die Ihr Unternehmen erzielt hat. Da in der Regel laufende Kosten und Geschäftsausgaben für Ihre gewerbliche Tätigkeit anfallen, schmälern diese Ihren Gewinn, der am Ende übrigbleibt, wenn die betrieblichen Ausgaben abgezogen werden.

Befinden Sie sich in der Neugründung Ihres Gewerbes, können Sie im Gewerbeschein oder im Fragebogen zur steuerlichen Erfassung angeben, dass Sie die Kleinunternehmerregelung in Anspruch nehmen wollen. Haben Sie bereits gegründet und sind gewerblich tätig, dann können Sie ein formloses Schreiben an das Finanzamt aufsetzen, in dem Sie darum bitten, von der Regelbesteuerung in die Kleinunternehmerregelung zu wechseln. Das Finanzamt überprüft dann, ob Sie die Voraussetzungen nach § 19 UStG erfüllen.

2.2 KLEINUNTERNEHMER ODER KLEINGEWERBE

Kleingewerbe müssen sich nicht ins Handelsregister eintragen lassen und sind aufgrund der überschaubaren Geschäftsgröße keine Kaufleute im Sinne des Handelsgesetzbuches. Sehr zum Vorteil, denn daraus entsteht keine Verpflichtung zur doppelten kaufmännischen Buchführung und sie müssen auch keine Bilanzen erstellen. Für das gewerbliche Geschehen gelten die Regelungen und Gesetze des Bürgerlichen Gesetzbuches (BGB) sowie die Steuervorschriften.

Kleinunternehmer können Gewerbetreibende, Selbstständige, Freiberufler, Land- und Forstwirte sein, die den Vorjahresumsatz von 22.000 € nicht überschritten haben und im laufenden Jahr nicht mehr als 50.000 € umsetzen.

Alle von der Umsatzsteuer betroffenen Kleinunternehmer, die ein Gewerbe betreiben, sind Kleingewerbetreibende. Aber nicht alle Kleingewerbetreibende sind gleichzeitig auch Kleinunternehmer im Sinne der bereits angesprochenen Regel des Umsatzsteuergesetzes. Ein Kleingewerbe gilt nur so lange als Kleinunternehmen, wie die maximale Umsatzgrenze eingehalten wird.

3. Die Steuerabgaben und gesetzliche Grundlagen

Als angehender Kleinunternehmer sollten Sie mit den wichtigsten Steuerarten vertraut sein, insbesondere mit jenen, mit denen Sie während Ihrer gewerblichen Tätigkeit in Berührung kommen. Jeder fragt sich mindestens einmal im Leben, warum überhaupt Steuern entrichtet werden müssen. Nun, das ist ganz einfach auf den Punkt gebracht: Steuern sind die Haupteinnahmequelle des Staates. Die Bundesrepublik Deutschland verwendet die vom steuerpflichtigen Bürger erhaltenen Leistungen u. a. für die Finanzierung von öffentlichen Institutionen, wie z. B. der Polizei, Universitäten, Verteidigung, Flughäfen, Bereitstellung von kulturellen Einrichtungen wie etwa Freibäder und Konzerthäuser, für die Erneuerung und das Angebot von Infrastruktur wie Straßen oder Brücken, aber auch für Sozialleistungen oder für die Rückzahlung von Staatsschulden. Jeder trägt zum Steuerertrag bei, entweder als Arbeitnehmer oder Unternehmer mit seinen direkten Steuern, die über das Einkommen oder den Gewinn abgeführt werden, oder als Verbraucher durch den Kauf von Waren bzw. die Inanspruchnahme von Dienstleistungen.

Jeder Arbeitnehmer bezahlt auf Lohn und Gehalt Lohnsteuer, die vom Arbeitgeber vom Bruttolohn abgezogen und direkt an das Finanzamt abgeführt wird. Selbstständige zahlen auf den Gewinn, den sie durch ihre Tätigkeit erwirtschaften, Einkommensteuer. Rentenbezüge werden seit 2005 ebenfalls schrittweise besteuert. Das Finanzamt ist, salopp gesagt, Geldeintreiber für den Staat und wie diese Steuereinnahmen aufgeteilt werden, ist im Grundgesetz (§ 106 GG) geregelt: Den Großteil teilen sich Bund und Länder, der Rest wird auf die Kommunen verteilt. Da es dem Gesetz nach keine zweckgebundene Steuerverwendung gibt, legt die Bundesregierung jährlich einen Bundeshaushalt fest, damit jedes Ministerium ein Budget erhält, über das es verfügen kann. Um einen mehr oder weniger sinnvollen Einsatz von Steuermitteln zu gewährleisten, überprüfen Behörden (die sogenannten Bundes- und Landesrechnungshöfe) die Einhaltung von gesetzlichen Vorgaben, jedoch nur in beratender Funktion.

Insgesamt gibt es fast 40 unterschiedliche Steuerarten in Deutschland, die vom Bund, den Ländern oder den Gemeinden erhoben werden. Einige Ihnen bekannte Bundessteuern sind z. B. die Energiesteuer, die Tabaksteuer oder die Kfz-Steuer; zu den Landessteuern gehören u. a. die Biersteuer und die Erbschaftssteuer. Zu den Gemeindesteuern, von denen jeder schon einmal gehört hat, zählen die Hundesteuer und die Grundsteuer, aber auch die Gewerbesteuer.

Steuern gab es übrigens bereits in der Antike. Im 3. Jahrtausend vor Christi findet man die ersten Belege über Abgaben in Ägypten. Es gab hier schon die ersten Staatsbediensteten, die die Einnahmen aus der Ernte oder dem Nil-Zoll verwalteten. In derselben Zeitepoche entrichteten Bürger in Mesopotamien Abgaben auf Viehhaltung und Fischfang. Im expandierenden Römischen Reich sehen wir einen Vorläufer unserer heutigen zahlreichen Steuergesetze, denn damals gab es bereits unzählige Steuerarten. Im Mittelalter war es der „Zehnt", zehn Prozent Abgabe als Geld-, Dienst- oder Naturalleistung.

3.1 UMSATZSTEUER

Die Umsatzsteuer ist eine Verkehrssteuer, die in der Regel auf alle Konsumausgaben und Dienstleistungen aufgeschlagen wird und vom Endverbraucher bezahlt wird. Als Unternehmen handeln Sie im Auftrag des Finanzamtes und erheben diese Steuer, um sie in dessen Auftrag an das Finanzamt abzuführen. Bezahlt wird sie von Ihrem Kunden oder dem Verbraucher bzw. Konsumenten. Für Unternehmer ist der Betrag weder Ertrag noch Aufwand, daher spricht man in der Buchhaltung von einem durchlaufenden Posten. Vielleicht haben Sie schon von der Vorsteuer gehört, die zusammen mit der Umsatzsteuer oft unter dem Begriff Mehrwertsteuer (MwSt.) zusammengefasst wird. Mehrwertsteuer ist mit der Umsatzsteuer identisch und wird im deutschsprachigen Raum als Synonym verwendet.

Als Unternehmer benötigen Sie Betriebsmittel oder Dienstleistungen, um Ihrer Erwerbstätigkeit nachgehen zu können und die Kosten der Anschaffung bzw. Bezahlung können Sie als Vorsteuer geltend machen. Die von Ihnen gezahlte Umsatzsteuer auf diese Einkäufe werden Ihnen vom Finanzamt erstattet. Sie als Unternehmen sind somit **vorsteuerabzugsberechtigt**. Im Grunde handelt es sich um ein- und dieselbe Steuer, die unterschiedliche Namen hat, je nachdem, wer sie bezahlen muss. **Als Unternehmer wird auf Ihre Einnahmen Umsatzsteuer**

erhoben, Sie bezahlen Vorsteuer an Ihre Lieferanten und aus Sicht Ihrer Lieferanten ist die Vorsteuer die Umsatzsteuer.

In Deutschland beträgt der Regelsteuersatz 19 % auf Waren und Dienstleistungen. Ausgenommen sind folgende Kategorien, die mit 7 % besteuert werden:

- Milch- und Milchgetränke
- Lebensmittel
- Bücher, Zeitungen und Magazine
- Eintrittskarten für Theater, Museum und Konzerte
- Übertragung von Urheberrechten
- Hotelübernachtungen
- Personennahverkehr

Weiterhin bestehen Ausnahmen für land- (10,7 % Umsatzsteuer) und forstwirtschaftliche (5,5 % Umsatzsteuer) Betriebe und besondere Unternehmen wie Personenvereinigungen oder Körperschaften.

Steuerpflichtige Unternehmen leisten monatlich oder vierteljährlich eine Vorauszahlung der eingenommenen Umsatzsteuer an das Finanzamt. Diese Vorleistung errechnet sich aus der in der jeweiligen Zeitspanne eingenommenen Umsatzsteuer aus Umsätzen minus der gezahlten Vorsteuer aus Einkäufen. Dies ist die **Umsatzsteuer-Voranmeldung**.

Beispiel: Eine Schönheitsfarm bietet Gesichtsbehandlungen für 100 € an, darauf kommen 19 % Umsatzsteuer, der Preis für den Kunden beträgt also 119 €. Die 19 € muss das Unternehmen an das Finanzamt abführen. Für die kosmetischen Behandlungen bezieht das Unternehmen Gesichtsmasken von einem Kosmetikhersteller und kauft diese auf Rechnung - ebenfalls vom Hersteller mit 19 % Umsatzsteuer belegt - ein. Die Schönheitsfarm kann die gezahlte Umsatzsteuer als Vorsteuer beim Finanzamt geltend machen.

Laut Umsatzsteuergesetz (UStG) sind selbstständige Freiberufler und Gewerbetreibende umsatzsteuerpflichtig, ebenso wie Handelsunternehmen und Gewerbebetriebe. Als Einzelunternehmen oder Kleingewerbetreibender sind Sie grundsätzlich umsatzsteuerpflichtig, es sei denn, Sie entscheiden sich für die

Kleinunternehmerregelung nach § 19 UStG. Haben Sie sich für Letztere entschieden, sind Sie auch nicht vorabzugssteuerberechtigt. Gänzlich umsatzsteuerbefreit sind u. a. nach § 4 UStG folgende Freiberufler und Unternehmen:

- Unternehmen, die ins Ausland liefern
- See- und Luftverkehrsunternehmen
- Kreditvermittlungen und Versicherungsverkäufe
- Leistungen von Ärzten und Zahnärzten, Hebammen und Physiotherapeuten
- Krankentransporte
- Betreuungs- und Pflegeleistungen
- Leistungen von Schulen und Bildungsträgern
- Verkauf von Grundstücken

3.2 EINKOMMENSTEUER

Jeder Unternehmer (wie auch jeder Angestellte) muss jedes Jahr eine Einkommensteuererklärung abgeben. Die Einkommensteuer wird vom Staat jeder natürlichen Person auferlegt, auf verschiedene Arten von Einkommen. Bezieht sie sich nur auf ein Einkommen aus einer angestellten Tätigkeit, kennen wir sie als Lohnsteuer.

Auch das Einkommen von Personengesellschaften und Einzelunternehmen wird besteuert. Vereinfacht ausgedrückt: Betriebseinnahmen minus -ausgaben oder Gewinn minus Sonderausgaben. Betriebsausgaben sind Aufwendungen, die eindeutig mit der betrieblichen, gewerblichen und selbstständigen Tätigkeit in Verbindung gebracht werden können. Gängige Betriebsausgaben sind z. B. Arbeitsmittel, Dienstwagen, Fachliteratur, Fahrtkosten, Arbeitszimmer, Kosten für anwaltliche oder steuerliche Beratung, Sicherheits- bzw. Arbeitskleidung etc.

Grundlage ist das Einkommensteuergesetz (EStG). Wird in einem Jahr weniger als 8.600 € Einkommen erwirtschaftet, braucht man keine Einkommensteuer zu bezahlen. Über dieser Freigrenze variiert der Steuersatz je nach Höhe des Einkommens zwischen 6 % und 42 % zzgl. Kirchensteuer bzw. Solidaritätszuschlag.

3.3 GEWERBESTEUER

Die Gewerbesteuer (GewSt) ist auf den Gewinn eines Unternehmens zu zahlen und wird von den Gemeinden und Kommunen erhoben. Es existieren bei den Steuersätzen regionale Unterschiede, da eine Gemeinde den sogenannten Gewerbesteuerhebesatz - der einen Anteil der Gewerbesteuer darstellt - selbst festlegen kann. Alle, die ein Gewerbe anmelden, sind automatisch auch gewerbesteuerpflichtig. Einzige Ausnahme bilden Freiberufler und land- und forstwirtschaftliche Betriebe.

Wie auch bei der Einkommensteuer gibt es hier einen jährlichen Freibetrag, der derzeit (2021) bei 24.500 € liegt. Liegt der Gewinn unter diesem Betrag, ist man von der Gewerbesteuer befreit. Hat man einen höheren Gewinn erzielt, wird die Summe, die diesen Freibetrag übersteigt, besteuert. Um zu ermitteln, ob Sie verpflichtet sind, Gewerbesteuer zu zahlen und in welcher Höhe, machen Sie jährlich bis spätestens 31. Mai eine **Gewerbesteuererklärung**. Auf den Freibetrag haben nur Einzelunternehmen und Personengesellschaften Anspruch, eine GmbH oder AG zum Beispiel muss Gewerbesteuer auf den gesamten Gewinn zahlen.

Wie hoch der Gewerbesteuersatz ist, erfährt man in § 11 GewStG. Als Grundlage für die Berechnung wird der Gewerbeertrag herangezogen, das ist der Gewinn plus einige Hinzurechnungen oder minus Kürzungen, die in den § § 8 und 9 GewStG geregelt sind. In diesem Verfahren wird für ein Gewerbe eine Steuermesszahl ermittelt. Der zu zahlende Endbetrag ist besagter Steuermessbetrag, der zzgl. des Gewerbesteuerhebesatzes zu zahlen ist.

Ist Ihre Gewerbesteuer ermittelt worden, werden in der Regel vierteljährliche Vorauszahlungen geleistet, jeweils zum 15. der Monate Februar, Mai, August und November. Gezahlt werden kann per Überweisung oder Einzugsermächtigung.

4. Vor- und Nachteile der Kleinunternehmerregelung § 19 UStG

Jetzt, wo Sie die wichtigsten Steuerarten für Unternehmer kennen, schauen wir uns die Vor- und Nachteile der Kleinunternehmerregelung an. Um zu entscheiden, ob diese Regel für Sie Sinn macht, sollten Sie die Zielgruppe Ihrer gewerblichen Tätigkeit betrachten. Handelt es sich dabei um Privatpersonen, profitieren diese im Endeffekt von den günstigeren Preisen, da Sie Preise ohne Umsatzsteuer anbieten. Dies könnte einen Wettbewerbsvorteil darstellen und Privatpersonen interessiert es in der Regel nicht, ob Sie Umsatzsteuer bezahlen oder nicht.

Anders liegt der Fall, wenn Sie Ihre Produkte oder Dienstleistungen hauptsächlich an Firmenkunden richten: Diese wollen sich natürlich die entrichtete Umsatzsteuer vom Finanzamt zurückholen und haben Interesse daran, ihre Betriebskosten abzusetzen. Diese legen daher ihre Priorität auf Geschäftspartner, die in Rechnungen die Umsatzsteuer ausweisen. Ferner empfiehlt es sich nicht, die Regelung in Anspruch zu nehmen, wenn man seine gewerblichen Einkäufe im Ausland erledigt oder Dienstleistungen von Firmen in Anspruch nimmt, die ihren Sitz im Ausland haben. In diesen Fällen schulden Sie die Umsatzsteuer, können aber keine Vorsteuer abziehen. Dazu später mehr.

Ein weiterer Punkt, der unbedingt in Erwägung gezogen werden sollte, ist die Größe und Menge der anfänglichen und der laufenden Geschäftsausgaben. Oft wird zu Beginn der Selbstständigkeit viel Geld in Wareneinkauf, Geschäftsausstattung, Firmenfahrzeug, Werbung etc. investiert, aber auch während der Erwerbstätigkeit entstehen vielleicht hohe laufende Betriebskosten, wie z. B. beim Einkauf von Waren oder Produktionsmitteln. Da Sie innerhalb der Regelung nicht vorsteuerabzugsberechtigt sind, dürfen Sie diese Kosten auch nicht absetzen. Sollten Sie nebenberuflich gründen, mag es ein guter Start in die Selbstständigkeit sein, um seine Geschäftsidee zu prüfen. Möchten Sie hingegen hauptberuflich gründen, haben Sie sicher daran Interesse, Ihren Umsatz stetig zu steigern und nicht durch Einhaltung der Umsatzgrenze zu „deckeln".

Grundsätzlich kann man festhalten, dass sich die Kleinunternehmerregelung lohnt,

- wenn man seine Produkte und Dienstleistungen Privatkunden anbietet;
- wenn man keinen großen Wareneinsatz für sein Gewerbe braucht und wenig laufende Kosten hat;
- wenn man nebenberuflich gründet.

Vorteile sind die vereinfachte Buchhaltung, Wegfall der Umsatzsteuervoranmeldung sowie evtl. günstigere Preise für Privatkunden und damit unter Umständen mehr Gewinn.

5. Haupt- oder nebenberufliche Gründung

Gedanklich spielen viele Menschen damit, sich beruflich selbstständig zu machen, in der Realität fehlt aber meist der Mut zu diesem mit einem erheblichen Risiko verbundenen Schritt. Attraktiv ist daher die nebenberufliche Gründung, denn der Gründer behält seine sichere Arbeitsstelle und nutzt anfänglich seine Freizeit wie Abendstunden, Urlaub oder Wochenende für das eigene Unternehmen. Familiäre Verpflichtungen, Lebenshaltungskosten und gesundheitliche Einschränkungen bestimmen ihre ganz individuellen Voraussetzungen.

Ein klarer Vorteil einer nebenberuflichen Selbstständigkeit ist die soziale Absicherung, denn ihre Sozialversicherungen wie Krankenversicherung, Pflege- und Rentenversicherung bleiben für angehende Gründer über den Arbeitsplatz erhalten, wenn die nebenberufliche Selbstständigkeit „im Rahmen bleibt". Das Gehalt als Angestellte/r bleibt bestehen, sodass anfängliche Schwankungen im Umsatz oder Startschwierigkeiten abgefedert werden können. Aus diesem Gefühl der finanziellen Sicherheit folgt ein erheblich geringerer Erfolgs- und Leistungsdruck als Vollselbstständige ihn oft erleben. Existenzängste existieren beim Neugründer nicht und er kann sich nach und nach in die Rolle des Selbstständigen einfinden und „es langsam angehen lassen". Dabei kann er herausfinden, ob ihm die Selbstständigkeit liegt, und ausprobieren, ob seine Geschäftsidee auf Nachfrage stößt.

Eine nebenberufliche Selbstständigkeit muss allerdings hart erarbeitet werden, denn die Doppelbelastung mit regulärem Job und Nebentätigkeit ist nicht zu unterschätzen. Sollten Sie eine Person sein, die zeitintensive Hobbys pflegt, Familie oder sonstige Verpflichtungen hat, dann sollten Sie realistisch eine Einschätzung vornehmen, ob Sie die zusätzliche Belastung stemmen können. Zusätzlich kann es sein, dass Sie mit einem Image-Problem konfrontiert werden, denn es mag Kunden oder Geschäftspartner geben, die Ihrem Unternehmen nicht genug Vertrauen entgegenbringen, da Sie sich ja „nur hobbymäßig" damit befassen. In vielen Branchen setzt man voraus, dass sich der Unternehmer voll und ganz mit seiner Zeit, seiner Verantwortung und seinem Herzblut einsetzt.

Sollten Sie ein Mensch sein, der nur unter Druck zu Höchstleistungen auffährt, dann sollten Sie sich fragen, ob sich der mangelnde Leistungsdruck letztendlich negativ auf Ihre Motivation und Ihr Zeitmanagement auswirken könnte. Nicht alle Branchen und Geschäftsideen eignen sich für eine nebengewerbliche Tätigkeit, wenn man bedenkt, dass Sie während der allgemein üblichen Kernarbeitszeit Ihrer Festanstellung nachgehen und somit nicht für Ihre Kunden und Geschäftspartner erreichbar sind. Eine Geschäftsidee, die bei freier Zeiteinteilung funktioniert und bei der die Hauptkommunikationswege über das Internet laufen, ist ideal.

Sollten Sie Fremdkapital für die Umsetzung Ihres Gewerbes benötigen, haben Sie aufgrund Ihrer Festanstellung einen Pluspunkt, was die Vergabe und Genehmigung eines Kredites angeht.

Laut Gesetzgeber sind Sie nicht verpflichtet, Ihren Arbeitgeber über eine nebengewerbliche Tätigkeit zu informieren. Allerdings ist in den meisten Arbeits- und Tarifverträgen geregelt, dass es einer Zustimmung durch den Arbeitgeber bedarf. Sollte in Ihrem Arbeitsvertrag eine Klausel vorhanden sein, die Ihnen die Nebentätigkeit untersagt, so ist diese rechtswidrig. Sorgen, dass Ihr Arbeitgeber dem Nebenerwerb nicht zustimmt, sollten Sie sich nicht machen, denn dies darf er nur, wenn durch Ihre Nebentätigkeit seine betrieblichen Interessen beeinträchtigt werden. Das wäre z. B. der Fall, wenn Sie mit Ihrem Nebengewerbe in direkte Konkurrenz gehen würden, Sie nicht mehr in der Lage sind, Ihre arbeitsvertraglichen Pflichten zu erfüllen, z. B., weil Sie müde und erschöpft sind oder gesetzliche Ruhezeiten nicht einhalten. Sollten Sie krankgeschrieben werden, verhalten Sie sich nicht genesungsförderlich, wenn Sie trotzdem für Ihr Neben-gewerbe tätig sind.

Arbeitsvertraglich vereinbarte Anzeigepflichten zu einem Nebenerwerb oder ein ausgesprochenes Verbot sollten Sie auf keinen Fall ignorieren, denn schlimmstenfalls drohen arbeitsrechtliche Konsequenzen wie Abmahnung oder fristlose Kündigung. Da viele Chefs fürchten, dass die Arbeitsqualität aufgrund einer Nebentätigkeit leidet, ist zu empfehlen, die Vorteile und den Mehrwert für Ihre Arbeitsstelle zu kommunizieren. Zeigen Sie auf, dass Sie so unternehmerisches Denken lernen, Erfahrungen sammeln, sich weiterbilden und kreativ sind.

Verstoßen Sie mit Ihrem Nebengewerbe gegen das Wettbewerbsverbot und treten in direkte Konkurrenz mit Ihrem Arbeitgeber, kann er Sie im günstigsten Fall dazu auffordern, das Nebengewerbe zu unterlassen. Kommen Sie dieser Aufforderung nicht nach, erfolgt nach entsprechender Abmahnung eine ordentliche oder im schlimmsten Falle eine außerordentliche Kündigung.

Sind Sie im öffentlichen Dienst tätig, müssen Sie sich jedes Jahr erneut die Genehmigung einholen und genaue Angaben über Umfang und Art des Nebengewerbes machen.

Sollte Ihre Konzentrations- und Leistungsfähigkeit am Arbeitsplatz leiden und der Grund ist in Ihrem Nebengewerbe zu suchen, kann Ärger am Arbeitsplatz drohen, insbesondere wenn Sie auf Neid, Missgunst oder Unverständnis bei den Kollegen stoßen. Die Definition Ihrer persönlichen Ziele, wo Sie sich mit Ihrem Gewerbe in der Zukunft sehen, kann Ihnen die Richtung weisen. Möchten Sie es als Absprung nutzen, um irgendwann Ihren Job zu kündigen, oder reicht Ihnen grundsätzlich ein kleiner Nebenerwerb, um Ihrer Leidenschaft oder Ihrer Kreativität nachzugehen?

Ihr Arbeitgeber erfährt von Behördenseite in der Regel nicht, ob Sie ein Nebengewerbe betreiben. Weder Gewerbeamt noch Finanzamt informieren Ihren Arbeitgeber automatisch. Dennoch können Dritte unter bestimmten Voraussetzungen Auskünfte aus dem Gewerbemelderegister einholen.

5.1 SELBSTSTÄNDIGKEIT ALS WEG AUS DER ARBEITSLOSIGKEIT

Wenn Sie Ihre Arbeitslosigkeit durch eine Selbstständigkeit beenden möchten, stehen Ihnen unter Umständen finanzielle Hilfen seitens der Agentur für Arbeit zu. Um diesen **Gründungszuschuss** zu erhalten, müssen folgende Kriterien erfüllt sein:

- Sie üben die Selbstständigkeit hauptberuflich aus und beenden damit die Arbeitslosigkeit
- Sie haben zu Beginn der Selbstständigkeit noch mindestens 150 Tage Anspruch auf Arbeitslosengeld
- Sie können belegen, dass Ihre persönlichen Voraussetzungen und Ihre Geschäftsidee einen langfristigen Erfolg ermöglichen. Fachkundige Stellen, die dies bescheinigen können, sind z. B. die IHK, die Handwerkskammern oder Banken. Ihr Arbeitsberater beurteilt ebenfalls die Voraussetzungen und berät Sie dahingehend

Der **Gründungszuschuss** wird 6 Monate lang gezahlt und wird anhand der Höhe Ihres Arbeitslosengeldes berechnet. Dabei gilt die Regel: Höhe des zuletzt erhaltenen Arbeitslosengeldes + 300 €. Nach den ersten 6 Monaten können Sie für weitere 9 Monate 300 € erhalten, wenn Sie nachweisen, dass Sie hauptberuflich selbstständig sind. Zusätzlich bietet die Agentur für Arbeit spezielle Kurse für Existenzgründer, die Ihnen das nötige Wissen und den Start in die Selbstständigkeit erleichtern.[3]

Wird ALG II bezogen, kann man als Gründer einen Antrag auf **Einstiegsgeld** stellen, das 50 % der ALG-II-Regelleistung darstellt und für die Dauer von 24 Monaten gewährt wird. Zunächst wird die Unterstützung für die ersten 6 Monate gewährt, benötigt man weiterhin Hilfe, wird die Zahlung bis zum Ablauf der 24 Monate geleistet. Das Einstiegsgeld ist eine Ermessensleistung des Jobcenters und die Höhe der Leistung kann bei Einzelfällen ggf. auf max. 75 % angepasst werden. Zusätzlich gibt es für Hartz-IV-Empfänger die Möglichkeit, einen **Investitionszuschuss** von bis zu 5.000 € zu beantragen; dieser dient Existenzgründern zur Anschaffung von notwendigen Sachgütern für die Selbstständigkeit, z. B. Betriebs- oder Geschäftsausstattung. Voraussetzung für den Erhalt von **Einstiegsgeld** und **Investitionszuschuss** ist, dass Sie Ihren zuständigen Sachbearbeiter im Jobcenter überzeugen, dass eine Förderung notwendig und die Geschäftsidee tragfähig ist. Um den Beweis zu erbringen, müssen Sie folgende Unterlagen vorlegen:

- Lebenslauf
- Tragfähigkeitsbescheinigung (einer fachkundigen Stelle wie der IHK, HWK, Gründungszentren und Beratungsstellen)
- Nachweis über fachliche Qualifikationen
- Businessplan und Finanzplan

5.1.1 Arbeitslos und Nebenverdienst

Beziehen Sie ALG I, dürfen Sie etwas dazuverdienen, dabei ist es unerheblich, ob dies aus einer angestellten oder gewerblichen Tätigkeit resultiert. Voraussetzung

[3] Arbeitsagentur.de, 2021, https://www.arbeitsagentur.de/arbeitslosengeld/existenzgruendung-gruendungszuschuss

ist, dass nicht mehr als 15 Std. pro Woche aufgewendet werden und Sie dem Arbeitsmarkt zur Verfügung stehen. Das darf einmal passieren, sollte Ihr Arbeitseinsatz jedoch regelmäßig diese Grenze überschreiten, werden Ihre Leistungen gekürzt. Spätestens am Tag der Aufnahme der Nebentätigkeit hat die Meldung an die Agentur für Arbeit zu erfolgen. Bis zu 165 € dürfen Sie monatlich dazuverdienen, ohne dass es auf Ihren Leistungsbezug angerechnet wird. Verdienen Sie mehr, wird das Arbeitslosengeld gekürzt. Bei der selbstständigen Nebentätigkeit werden automatisch 30 % der Einnahmen als Betriebsausgaben angerechnet.

Beispiel: Sie sind Empfänger von ALG I und möchten ein Nebengewerbe gründen. Wie viel dürfen Sie hinzuverdienen, ohne dass man Ihnen die Leistungen kürzt? Da Sie pauschal 30 % der Einnahmen als Betriebsausgaben angerechnet bekommen, dürfen Sie 235 € pro Monat dazuverdienen. Einnahmen 235 € minus Betriebsausgaben (30 %) 70 € = 165 €.

Wenn Sie höhere Betriebsausgaben nachweisen können, werden Ihnen diese ebenfalls angerechnet.

Beispiel: Sie haben 300 € Einnahmen, davon werden die Betriebsausgaben von 30 % abgezogen (90 €), es bleiben 210 € Einnahmen. Hiervon wird der monatliche Freibetrag von 165 € abgezogen und die restlich verbleibenden 45 € werden von Ihrem Arbeitslosengeld abgezogen.

Der Freibetrag von 165 € kann unter gewissen Voraussetzungen erhöht werden, nämlich wenn Sie vor dem Bezug von ALG I bereits eine Nebentätigkeit - angestellt oder selbstständig - hatten: Die Agentur für Arbeit gewährt einen weiteren Freibetrag, wenn in den letzten 18 Monaten vor Anspruch auf ALG I mindestens für ein Jahr eine nebenberufliche Tätigkeit ausgeführt wurde. Auch hier gilt die 15 Std./Woche-Regel.

Besteht die Nebentätigkeit bereits seit Jahren bis zum Eintritt der Arbeitslosigkeit, wird Ihr Einkommen der letzten 12 Monate berücksichtigt. War die Nebentätigkeit nicht durchgängig, wird das Nebeneinkommen der letzten 12 Monate addiert und durch 12 geteilt. Der zusätzliche Freibetrag pro Monat repräsentiert dabei das Durchschnittseinkommen des letzten Jahres.

Beispiel: Ein Angestellter war 24 Monate (2019 und 2020) durchgängig nebenberuflich selbstständig tätig, der Gewinn betrug monatlich 500 €. Im Jahr 2021 ging er aus privaten Gründen keinem Nebengewerbe nach und erhielt zum 30.06.2021 eine betriebsbedingte Kündigung. Bei der Berechnung des Arbeitslosengeldes kann er einen weiteren Freibetrag beanspruchen. Da in den letzten 12 Monaten nicht durchgängig nebenberuflich gearbeitet wurde, wird das Durchschnittseinkommen von 3.000 € (01.07.2020 - 31.12.2020), geteilt durch 12 Monate, als zusätzlicher Freibetrag von 250 € ermittelt. Hätte der nun Arbeitslose durchgängig vor Eintritt seiner Arbeitslosigkeit 12 Monate nebenberuflich gearbeitet, würde der zusätzliche Freibetrag 500 € betragen.

5.2 ARBEITSLOSENGELD NACH MISSGLÜCKTER SELBSTSTÄNDIGKEIT

Nach einer hauptberuflichen Selbstständigkeit haben Sie Anspruch auf Arbeitslosengeld, wenn

- Sie während Ihrer Selbstständigkeit freiwillig in eine Arbeitslosenversicherung eingezahlt haben und in 30 Monaten vor Eintritt der Arbeitslosigkeit mind. 12 Monate versichert gewesen sind, dazu zählen Zeiten aus einer freiwilligen Versicherung ebenso wie pflichtversicherte Zeiträume während einer Beschäftigung
- Sie noch einen Anspruch aus einer früheren Anstellung haben: Sie waren vor der Selbstständigkeit in einem sozialversicherungspflichtigen Arbeitsverhältnis tätig und bezogen bereits einmal ALG I, haben diesen Anspruch jedoch nicht ganz ausgeschöpft. Der erste Antrag auf ALG I darf nicht länger als vier Jahre zurückliegen

Besteht kein Anspruch auf ALG I oder reicht ALG I nicht aus, um die Lebenshaltungskosten zu decken, besteht der Anspruch auf Grundsicherung für Arbeitssuchende, Hartz IV, auch ALG II genannt. Weitere Sozialleistungen wie Sozialhilfe oder Wohngeld sind möglich. Weiterführende Informationen erhalten Sie hier:

https://www.arbeitsagentur.de/arbeitslos-arbeit-finden/arbeitslosengeld-2

Aktuelle Regelungen zur Corona-Situation für Kurzarbeiter, Selbstständige, Freiberufler etc. finden Sie hier:

https://www.arbeitsagentur.de/corona-faq-grundsicherung-arbeitslosengeld-2

5.3 NEBENGEWERBE ALS RENTNER

Wer die Regelaltersgrenze von 65 Jahren erreicht hat (diese steigt stufenweise seit 2012 auf 67 Jahre - Grund hierfür ist die steigende Lebenserwartung), kann ohne Einschränkung dazuverdienen. Das Einkommen aus selbstständiger Tätigkeit wird nicht mit der Rente verrechnet und es besteht keinerlei Verpflichtung, Ihre Nebentätigkeit dem Rententräger zu melden. Allerdings kommt eine Einkommensteuererklärung auf Sie zu, wenn Sie gewisse Grenzen überschreiten.

Im Fall einer vorzeitigen Altersrente wird Ihnen die Rente als Vollrente ausgezahlt, vorausgesetzt, Ihr Nebenverdienst bleibt unter dem aktuell geltenden Freibetrag. Das Nebeneinkommen muss dem Rentenversicherungsträger gemeldet werden und die daraus resultierenden Regeln gelten bis zum Eintritt der Regelaltersgrenze. Der derzeitige und voraussichtlich auch wieder ab 2022 geltende Freibetrag liegt bei 6.300 € pro Jahr. Liegt das Nebeneinkommen über dem Freibetrag, werden 40 % auf den über der Grenze liegenden Betrag von der Rente abgezogen.

Beispiel: Wird eine vorgezogene Altersrente von 900 € bezogen und durch einen Nebenerwerb 1.400 € verdient, ergibt das umgerechnet auf das Jahr 16.800 € Einkommen. Wird davon der Freibetrag von 6.300 € abgezogen, bleiben 10.500 €, monatlich also 875 €. 40 %, also 350 €, würden von der monatlichen Rente abgezogen, es bleibt eine monatlich ausbezahlte Rente von 550 €.

Aufgrund der Corona-Situation gilt derzeit für 2021 ein höherer Freibetrag, es dürfen bis zu 3.838 € monatlich dazuverdient werden, ohne Auswirkungen auf die Rentenauszahlung.

Beziehen Sie z. B. Erwerbsminderungsrente, gilt auch hier der jährliche Freibetrag von 6.300 €; Beträge, die darüber liegen, werden mit 40 % auf die Rente angerechnet. Beziehen Sie eine Witwer- bzw. Witwenrente, dürfen Sie in den alten Bundesländern 872,52 € hinzuverdienen, in den neuen Bundesländern 841,90 €. Alles, was darüber hinausgeht, wird ebenfalls mit 40 % auf die Rente angerechnet.

5.4 INSOLVENZ UND KLEINGEWERBE

Befindet man sich in einer Privatinsolvenz oder in einem Regelinsolvenzverfahren, ist es durchaus erlaubt, ein Kleingewerbe anzumelden. In einem noch offenen Insolvenzverfahren sollte der Insolvenzverwalter bzw. Treuhänder um eine schriftliche Freigabeerklärung ersucht werden. Möchte der Schuldner selbstständig tätig werden, ist es wichtig, dass der Insolvenzverwalter schriftlich niederlegt, ob Vermögen aus der selbstständigen Tätigkeit zur Insolvenzmasse gehört und ob Ansprüche aus dieser Tätigkeit im offenen Verfahren geltend gemacht werden können.

Ist das Insolvenzverfahren bereits aufgehoben, bedarf es keiner schriftlichen Freigabe durch den Insolvenzverwalter, denn dem Schuldner steht es offen, ob er einer selbstständigen oder angestellten Tätigkeit nachgeht. Pfändungsgrenzen gelten wie bei einem Arbeitnehmer, monatlich muss ein Nachweis über die Einkommenshöhe erstellt werden. Bevor Sie ein Gewerbe anmelden, müssen Sie dem Treuhänder folgende Informationen bereitstellen: Umsatzkalkulation, Ertragskalkulation und zukünftige Umsatzentwicklung.

In der Regel haben Sie diese Daten sowieso vor der Gründung zusammengetragen. Insolvenzgerichte und -verwalter sehen es gern, wenn der Schuldner ein neues Gewerbe gründen möchte, denn es zeugt vom gutem Willen, Einkommen zu erzielen und nicht auf staatliche Leistungen angewiesen zu sein. Da man grundsätzlich nicht damit rechnet, dass die gewerbliche Tätigkeit in der ersten Phase nach Gründung nennenswerte Gewinne einbringt, besteht für die Insolvenzmasse erst einmal kein großes Interesse. Es empfiehlt sich, den Treuhänder zu bitten, das neue Gewerbe aus der Insolvenz freizugeben. Diese Möglichkeit besteht seitens der Insolvenzverwalter, da nach Insolvenzordnung § 35 Abs. 2 und 3 Schuldner gefördert werden sollen, die trotz Privatinsolvenz ein Gewerbe gründen möchten. Schicken Sie eine Kopie der Gewerbeanmeldung an das Insolvenzgericht, für die Freigabe wird sich der Verwalter mit dem Gericht in Verbindung setzen. Die Freigabe und die finanzielle Einstufung zur Pfändung werden Ihnen schriftlich mitgeteilt.

Der pfändbare Anteil am Unternehmensgewinn wird aufgrund eines fiktiven Einkommens berechnet, den der Schuldner mit einer vergleichbaren angestellten Tätigkeit verdienen würde, dabei werden Alter, Berufsabschluss und Berufserfahrung berücksichtigt. Es spielt keine Rolle, wie viel das Unternehmen wirklich an Gewinn erzielt. Durch die Freigabeerklärung fällt das Unternehmen aus der Insolvenzmasse und die Erlöse bleiben Ihnen, abzüglich des pfändbaren Anteils.

6. Welche Rechtsform kann ich für mein Kleingewerbe wählen?

Entweder Sie sind Einzelunternehmer, also Sie allein, - oder - Sie gründen eine Gesellschaft bürgerlichen Rechts (GbR) mit einem oder mehreren Personen, z. B. für ein gastronomisches Gewerbe oder für einen Einzelhandel etc.

Eine GbR ist die einfachste Form unter den Personengesellschaften und besteht aus mindestens zwei natürlichen oder juristischen Personen - bei Gründern besonders beliebt, da keine Kapitaleinlage erforderlich ist und sozusagen am Frühstückstisch gegründet werden kann. Ein Gesellschaftervertrag ist zwar erforderlich, kann aber mündlich formuliert werden. Sollten jedoch mehrere Personen beteiligt sein, die sich aus denselben Geschäftsinteressen zusammentun, ist ein schriftlicher Gesellschaftervertrag empfehlenswert, hört man doch von Fällen, in denen sich zwei Freunde für eine Geschäftsidee zusammenschließen und sich später vor einem Gericht als Feinde wiedersehen. Der schriftliche Gesellschaftervertrag sollte mindestens folgende Punkte enthalten: Namen und Anzahl der Gesellschafter, den gemeinsamen geschäftlichen Zweck sowie die von den Gesellschaftern zu erbringenden Beiträge. Beiträge sind gesetzlich nicht definiert und können frei gewählt werden als Geld-, Sach- oder Arbeitsleistung.

Das Vermögen der GbR besteht aus den geleisteten Beiträgen und dem erwirtschafteten Gewinn. Verfügen darüber können die Parteien der GbR nur gemeinschaftlich und sollten zusammen Anschaffungen getätigt werden, erwerben die Parteien gemeinschaftliches Eigentum. Dies ist insbesondere zu beachten, wenn z. B. bei Gründungen Inventar auf Namen der GbR gekauft wird.

Alle Gesellschafter haften unbeschränkt mit ihrem Privatvermögen und dem Gesellschaftsvermögen zu gleichen Teilen, wenn nichts anderes schriftlich im Gesellschaftervertrag niedergelegt wurde. Bilden zwei Freunde eine GbR und ein Freund scheidet nach einiger Zeit aus dem Gewerbe aus, löst sich damit in der Regel auch die GbR auf, denn die Unternehmensform ist an die Zusammensetzung laut Gesellschaftervertrag gebunden, vorausgesetzt, im Gesellschaftervertrag wurde nichts anderes vereinbart. Das Ausscheiden ist gleichzusetzen mit der Kündigung eines Gesellschafters und diese Kündigung kann formfrei, schriftlich oder mündlich erfolgen. Vorteile der Gründung einer Gesellschaft bürgerlichen Rechts (GbR):

- Sie tragen das unternehmerische Risiko nicht allein.
- Die geschäftliche Partnerschaft kann unkompliziert geregelt werden.
- Es ist gesetzlich kein Mindestkapital vorgeschrieben.
- Formfreier schriftlicher oder mündlicher Gesellschaftervertrag.
- Einfache Buchführung (Einnahmen-Überschuss-Rechnung).
- Die persönliche Haftung der Gesellschafter kann eine Erleichterung bei der Kreditvergabe darstellen.
- Gewinne und Kosten werden den Gesellschaftern zu gleichen Teilen zugesprochen.
- Scheidet ein Gesellschafter aus, ist dies in der Regel gleichzusetzen mit der Auflösung der GbR.

Im gewerblichen Briefverkehr sollten alle Gesellschafter mit Vor- und Nachnamen erwähnt werden. Der Zusatz „GbR" ist nicht unbedingt erforderlich, aber empfehlenswert.

Einfaches Beispiel: Die Freunde Kai und Lars haben eine gemeinsame Geschäftsidee: Sie haben festgestellt, dass viele Kleinmöbel und Einrichtungsgegenstände in lokalen Kleinanzeigen und im Internet zu verschenken sind. Sie möchten diese Gegenstände aufbereiten, reparieren und auf Flohmärkten verkaufen. Sie notieren einen einfachen Gesellschaftervertrag mit ihren Namen und dem Zweck, gebrauchte und gut erhaltene Möbel, die kostenfrei abgeholt werden können, aufzubereiten und auf Flohmärkten zu verkaufen. Dabei halten sie schriftlich fest, dass Kai regelmäßig die Kleinanzeigen im Internet und in lokalen Zeitungen durchforstet, sich um die Kontaktaufnahme und Terminvergabe zur Abholung kümmert und die Gegenstände abholt. Da ein geeignetes Fahrzeug noch nicht zur Verfügung steht, beschließen beide, einen gebrauchten Kleintransporter zu kaufen, der zum Gesellschaftsvermögen zählt und beiden zu gleichen Anteilen gehört. Lars bringt seine handwerklichen Fähigkeiten ein, indem er die Möbel später aufbereitet und repariert. Notiert wird auch, dass Lars sich um die Erklärungen an das Finanzamt und die Buchhaltung kümmert. Beide halten ebenfalls schriftlich fest, dass Kai und Lars in den ersten Monaten gemeinsam an den Wochenenden die Flohmärkte besuchen werden, später teilen sie die Monate terminlich unter sich auf.

Ein sehr umfangreiches und professionelles Muster für einen Gesellschaftervertrag der IHK Frankfurt/Main finden Sie hier:

https://www.frankfurt-main.ihk.de/recht/mustervertrag/gbr/

Die Gründung eines Einzelunternehmens (unabhängig, ob Kleinunternehmerregelung zutrifft oder nicht) ist auch recht einfach umzusetzen: Sie haben keinen Eintrag im Handelsregister und haften unbeschränkt mit Ihrem Privatvermögen (Sollten Sie allein oder mit anderen Personen eine GmbH oder UG gründen wollen, sind Sie kein Kleingewerbe mehr!). Sie benötigen eine Gewerbeanmeldung, haben keinen Firmennamen und die Nachricht über die Mitgliedschaft in der IHK bzw. der Handwerkskammer kommt von allein ins Haus. Ein Mindestkapital brauchen Sie nicht mitzubringen. Liegt der jährliche Gewinn nicht über 60.000 € und der Jahresumsatz unter 600.000 €, reicht eine Einnahmen-Überschuss-Rechnung zur Erklärung ans Finanzamt. Bei höheren Umsätzen ist das Einzelunternehmen buchführungs- und bilanzierungspflichtig. Dazu erfahren Sie später mehr.

7. Umsatzberechnung

Da Unternehmensgründungen nicht immer zum 1. Januar eines Jahres stattfinden, müssen Sie beachten, dass Sie Ihren Umsatz auf ein ganzes Jahr hochrechnen müssen. Angenommen, Sie starten Ihr Gewerbe zum 15. Juni, dann sind Sie in diesem Jahr nur 7 Monate geschäftlich tätig. Die Umsatzgrenze für die Kleinunternehmerregelung beträgt in diesem Beispiel 12.833 € (22.000 € : 12 x 7 Monate). Sollten Sie mehrere Gewerbe führen, werden alle umsatzsteuerpflichtigen Erträge zusammengerechnet. Sollten Sie neu gründen und auf die Kleinunternehmerregelung verzichten, sind Sie 5 Jahre lang an die Regelbesteuerung gebunden. Haben Sie im Gründungsjahr wider Erwarten mehr als 22.000 € erwirtschaftet, hat das für das Gründungsjahr rückwirkend keine Folgen, der Kleinunternehmerstatus bleibt erhalten. Für das Folgejahr werden Sie automatisch regelbesteuert.

Sind Sie bereits länger selbstständig und erfüllen die Umsatzvorgaben, können Sie die Kleinunternehmerregelung ebenfalls in Anspruch nehmen, wenn der Vorjahresumsatz inklusive Umsatzsteuer unter 22.000€ liegt und der Umsatz des darauffolgenden Jahres unter 50.000€ bleibt.

Vereinfacht ausgedrückt ist der Gesamtumsatz die Summe aller Einnahmen. Dabei ist in der Regel die „Ist-Versteuerung" anzuwenden, das bedeutet, dass nicht das Datum der Rechnung, sondern der Zeitpunkt, zu dem das Geld auf Ihrem Konto eingeht, entscheidend ist. Sollten Sie im Dezember eines Jahres eine Rechnung schreiben, der Betrag wird von Ihrem Kunden aber erst im Januar gezahlt, dann zählt dieser zum Umsatz des neuen Jahres. Umsatz bedeutet nicht Gewinn, oft wird dies verwechselt. Um den Gewinn zu ermitteln, werden die Ausgaben vom Umsatz abgezogen.

Als Kleinunternehmer sind Sie selbst dafür verantwortlich, dass Sie Ihre Umsätze im Auge behalten, denn das Finanzamt wird Sie nicht schriftlich benachrichtigen, wenn Sie die Umsatzgrenze überschreiten. Bevor Sie also im neuen Geschäftsjahr eine Rechnung schreiben, lohnt es sich, sicherzustellen, ob Sie noch umsatzsteuerbefreit sind.

Sollte das „verschlafen“ werden, schulden Sie dem Finanzamt die Umsatzsteuer. Zusätzlich bedeutet es mehr Arbeit für Sie, da Sie die Rechnungen korrigieren müssen. Zwar können Sie Firmenkunden ohne weiteres eine korrigierte Rechnung mit der Ausweisung der Umsatzsteuer zustellen, allerdings ist es für Privatkunden eher schwierig, wenn nicht sogar unmöglich, wenn es sich um Laufkundschaft handelt. Die nachträgliche Umsatzsteuererhebung wäre für den Privatkunden eine Preiserhöhung und da Sie verpflichtet sind, Ihren Kunden Bruttopreise auszuweisen, können Sie nachträglich schwerlich die Umsatzsteuer verlangen. Sollten Ihre Umsätze sehr stark schwanken, ist ein Wechsel zwischen der Regelbesteuerung und der Kleinunternehmerregelung möglich. Wichtig ist dafür, dass Sie dem Finanzamt rechtzeitig eine Mitteilung schicken, dass Sie entweder auf die Regelung verzichten oder den Verzicht widerrufen, in der Regel machen Sie das zum Ende eines Geschäftsjahres.

Wechseln Sie von der Kleinunternehmerregelung (gewollt oder ungewollt) in die Regelbesteuerung, ändern sich auch Ihre Verpflichtungen für das neue Geschäftsjahr:

1. Sie weisen Ihren Kunden die Umsatzsteuer auf Rechnungen aus
2. Sie müssen eine Umsatzsteuervoranmeldung machen
3. Umsatzerlöse nach Abzug der Vorsteuer sind an das Finanzamt zu zahlen

7.1 UMSATZSTEUERVORANMELDUNG

Rutschen Sie doch einmal in die Regelbesteuerung, machen Sie einmal im Monat oder einmal vierteljährlich eine Umsatzsteuervoranmeldung über das ELSTER-Portal und nehmen die Zahlung der Umsatzsteuer an das Finanzamt vor. Wichtig ist unbedingt, die Fristen einzuhalten, da sonst Säumniszuschläge drohen. Mit der Teilnahme am SEPA-Lastschriftverfahren kann Ihnen das nicht passieren. Vorteile einer Umsatzsteuervoranmeldung sind eine bessere Kontrolle der Steuerlast und eine geringere Jahresbelastung durch regelmäßige Zahlungen. Um die Voranmeldung zu ermitteln,

1. müssen alle Nachweise über Ein- und Ausgaben für den besagten Zeitraum bereitliegen.
2. Einnahmen und Ausgaben werden voneinander getrennt.
3. Die Belege werden nach Steuersatz sortiert (19 % oder 7 %).

4. Die Gesamtsumme der Einnahmen wird errechnet, und zwar aufgeteilt in Nettobetrag und Betrag der darauf gerechneten Umsatzsteuer (nach Steuersatz sortiert 19 %/7 %).
5. Die Gesamtsumme der Ausgaben wird errechnet, ebenfalls aufgeteilt in Nettobetrag und die darauf gezahlte Umsatzsteuer (nach Steuersatz sortiert). Die Summe der von Ihnen gezahlten Umsatzsteuer ist Ihr Vorsteuerabzug.

8. Scheinselbstständigkeit

Eine Prüfung, ob es sich bei der selbstständigen Tätigkeit um eine Scheinselbstständigkeit handelt, hat vor allen Dingen sozialversicherungstechnische Hintergründe. Der Gesetzgeber will vermeiden, dass Sozialversicherungsbeiträge umgangen werden und Risiken bzw. Folgen die Allgemeinheit belasten. Ein Scheinselbstständiger handelt nicht in eigenem Auftrag und müsste eigentlich arbeitsvertraglich ein Angestellter sein. Oft finden sich Scheinselbstständige als freie Mitarbeiter in den Medien, als Subunternehmer im Baugewerbe, als Versicherungskaufleute im Außendienst, als selbstfahrende Unternehmer im gewerblichen Güterkraftverkehr, als Pflegekräfte, Honorarärzte, IT-Berater, Grafikdesigner, Übersetzer, Ingenieure, Heilpraktiker, Journalisten, Architekten usw.

Entdeckt ein Sozialversicherungsträger, wie z. B. die Krankenkasse oder die Rentenversicherung, den Tatbestand einer Scheinselbstständigkeit, muss der Auftraggeber - ergo Arbeitgeber - in der Regel die Sozialversicherungsbeiträge der letzten 4 Jahre zurückzahlen; sind die Beiträge vorsätzlich vorenthalten worden, tritt erst nach 30 Jahren eine Verjährung ein, hinzu kommen Säumniszuschläge. Auf beiden Seiten kann dies das Aus für die unternehmerische Existenz bedeuten, rechtlich wie finanziell. Arbeitsgerichte, Finanzämter und Berufsgenossenschaften haben ein Interesse an einer Prüfung, bei der die geschlossenen Verträge und vergebenen Aufträge sowie die tatsächlichen Verhältnisse und Bedingungen am Arbeitsplatz unter die Lupe genommen werden.

Grundsätzlich liegt eine Scheinselbstständigkeit vor, wenn ein Selbstständiger dauerhaft für einen einzigen Auftraggeber tätig ist und dessen Aufträge ca. 90 % seines Umsatzes liefern. Das unternehmerische Risiko, das man als Selbstständiger trägt, muss erhalten bleiben. Hat ein Auftraggeber Kontroll- und Steuerungsmöglichkeiten, wird die unternehmerische Entscheidungsfreiheit stark eingeschränkt und man geht von einer Scheinselbstständigkeit aus. Um zu überprüfen, ob Sie mit Ihrem Kleingewerbe diesen Bereich tangieren, sollten Sie folgende Punkte beachten:

- Arbeiten Sie frei von Weisungen Ihres Auftraggebers? (Dies können Arbeitsanweisungen, technische Weisungen, betriebliche Vorschriften etc. sein)

- Dürfen Sie Ihre Arbeitszeiten selbst bestimmen?
- Unterscheiden sich Ihre Aufgaben von denen der Festangestellten?
- Müssen Sie regelmäßig Statusberichte oder Leistungsberichte erstellen?
- Dürfen Sie Ihren Arbeitsplatz meistens frei wählen?
- Benutzen Sie Hard- oder Software, die vom Auftraggeber bereitgestellt wird?
- Treten Sie nach außen hin als Selbstständiger auf? Nutzen Sie Ihr eigenes Briefpapier, Visitenkarten, Arbeitskleidung etc. oder die des Auftraggebers?
- Machen Sie Werbung für sich selbst oder agieren Sie in der Kundenakquise für Ihren Auftraggeber?
- Nehmen Sie regelmäßig an internen Briefings oder Meetings teil?

Für einen als freier Mitarbeiter getarnten Selbstständigen drohen neben Nachzahlungen von Sozialversicherungsbeiträgen auch Nachzahlungen der Lohnsteuer. Die Ausweisung der Umsatzsteuer auf den Rechnungen wird unwirksam, der Vorsteuerabzug wird rückwirkend ungültig und die abgezogenen Vorsteuerbeiträge müssen an das Finanzamt zurückgezahlt werden. Ab dem Zeitpunkt, an dem eine Scheinselbstständigkeit seitens der Behörden festgestellt wird, gelten für den bisherigen Freelancer alle Rechte, die die Mitarbeiter des Unternehmens haben, denn er wird zum Angestellten erklärt. Das schließt Kündigungsschutz, Urlaubsgeld und -anspruch, Lohnfortzahlung im Krankheitsfall usw. mit ein. Das Gewerbe muss abgemeldet werden. Rechtlich sieht man die Schuldfrage der Scheinselbstständigkeit zu gleichen Teilen beim Auftraggeber und -nehmer. Der Auftraggeber, jetzt der Arbeitgeber, kann die Arbeitnehmeranteile an den Nachzahlungen der Sozialversicherungsbeiträge für die letzten drei Monate vom zukünftigen Gehalt des Auftragnehmers, jetzt des Angestellten, abziehen. Die genannten Kriterien sollten Sie mit Ihrem Dienstvertrag, sofern vorhanden, sowie den Arbeitsbedingungen abgleichen. Bleiben das unternehmerische Risiko und die Entscheidungsfreiheit unberührt? Folgende Punkte sollten berücksichtigt werden:

- Auftragnehmer ist für die Abfuhr gesetzlicher Abgaben selbst verantwortlich
- Festlegung des Honorars für alle zu erbringenden Dienstleistungen mit genauer Tätigkeitsbeschreibung
- Der Auftragnehmer darf Aufträge des Auftraggebers ablehnen und andere Kunden bevorzugen
- Der Auftragnehmer darf u. U. eigene Mitarbeiter einsetzen und bringt nicht mehr

als 50 % seiner Arbeitskapazität auf

- Die Nutzung von Arbeitsmitteln ist mit einer Gebühr verbunden oder der Auftragnehmer nutzt seine eigenen Arbeitsmittel

Beispiel 1: Einem arbeitslosen LKW-Fahrer wird angeboten, selbstständig als Fahrer einer Spedition tätig zu werden. Die Spedition stellt genügend Aufträge und einen Transporter zur Verfügung. Der vermeintlich selbstständige Fahrer wird fest in die Tourenplanung integriert und bekommt zeitlich genaue Vorgaben und die Reihenfolge der Aufträge vorgeschrieben. Da die Spedition zum einen den Transporter zur Verfügung stellt und zum anderen genaue Vorgaben zur Erledigung der Aufträge gibt, liegt aus Sicht des Rentenversicherungsträgers eine Scheinselbstständigkeit vor.

Beispiel 2: Vor der Geburt ihres zweiten Kindes war eine Reinigungsfachkraft länger bei einer Gebäudereinigungsfirma angestellt und nach der verlängerten Elternzeit macht sie sich mit einem Reinigungsservice selbstständig und wird wieder bei dieser Firma tätig, allerdings diesmal als gewerbliche Auftragsnehmerin. Sie nutzt die bereitgestellten Arbeitsmittel der Firma wie Reinigungsmittel, Werkzeug und entsprechendes Zubehör und wird immer im selben Objekt eingesetzt, einem Golfclub. Die junge Frau hat keine Zeit mehr für andere Auftragskunden und die Reinigungszeiten sind für dieses Objekt genau vorgeschrieben, vor der Öffnung in der Zeit von 04:00 bis 08:00 Uhr morgens. Wenn Festangestellte der Firma krank sind oder Urlaub haben, übernimmt sie zusätzliche Schichten. Die Reinigungsfachkraft bekommt von der Reinigungsfirma Arbeitskleidung gestellt und fährt teilweise im selben Dienstwagen wie ihre Teamkollegen zu diesem Objekt. In ihrer monatlichen Rechnungserstellung schreibt sie ein Pauschalhonorar, ohne auf die Tätigkeiten genau einzugehen. Auch in diesem Fall liegt eine sehr offensichtliche Scheinselbstständigkeit vor.

8.1 CHECKLISTE SCHEINSELBSTSTÄNDIGKEIT

Indikatoren für die Position als

Arbeitnehmer	Selbstständiger
Vorgabe der Arbeitszeit, Teilnahme am Gleitzeitverfahren, Benutzung von Zeiterfassungsgeräten, z. B. Stechuhren, Schichtdienst	Keine Zeiterfassung durch den Auftraggeber, Einschränkungen durch Öffnungszeiten ggf. möglich, ansonsten freie Zeiteinteilung
Urlaubsansprüche	Freizeit ist abhängig von der Auftragslage
Urlaubsplanung muss eingereicht und genehmigt werden	Keine Absprache mit Auftraggeber bzw. dessen Mitarbeitern
Anweisungen zur Art der Tätigkeit, Vorgabe der Erledigungswege, Arbeitsanweisungen, technische Regelungswerke, festgelegtes Aufgabengebiet	Nur das Arbeitsresultat ist maßgeblich und bindend, der zeitliche Aufwand und der gestalterische Ausdruck sind unabhängig
Alle Tätigkeiten und Arbeiten müssen in eigener Person erbracht werden	Beschäftigung von versicherungspflichtigen Arbeitnehmern
Fester Arbeitsort, bei Außendienstmitarbeitern eine feste Region oder vorgegebenes Einsatzgebiet	Ortsunabhängiges Handeln und Agieren (Zuhause, im Park, im Büro, eigene Werkstatt oder Betriebsstätte, ggf. international)
Entgeltfortzahlung im Krankheitsfall	Kein Anspruch auf Entgelte im Krankheitsfall
Bereitstellung von Arbeitsmitteln durch den Arbeitgeber	Eigenes Betriebsrisiko durch eingebrachte Materialien oder Betriebsmittel
Feste Lohnbezüge	Honorarvereinbarungen nach Rechnungserstellung

	(keine Pauschalhonorare, Aufschlüsselung nach Leistungsbeschreibung)
Urlaubs- Weihnachtsgeld, vertraglich vereinbarte Provisionen	Keine Extraleistungen
	Abgrenzung nach außen durch Corporate Design bzw. eigene Homepage, eigene Visitenkarten, eigene Arbeitskleidung etc.
Regelmäßige Leistungsberichte (z. B. Quartalsberichte, Meetings, Zwischenberichte)	Keine Verpflichtung zur Berichtabgabe
Leistung wird zu 100 % für den Arbeitgeber erbracht	Dienstleistung oder Produktion auch für andere Kunden
Früher bereits für die gleiche Tätigkeit beim selben Arbeitgeber beschäftigt gewesen, z. B. vor der Elternzeit, bei befristeten Verträgen, Kurz- und Leiharbeit	

Nach einer Studie des Staatlichen Instituts für Arbeitsmarkt- und Berufsforschung (IAB) gab es nach letztem Stand in Deutschland ungefähr 235.000 Personen, die nach rechtlichen Kriterien scheinselbstständig waren. Zieht man noch illegale Arbeitnehmerüberlassung und andere Grauzonen in Betracht, liegt der Anteil der Scheinselbstständigen bei 28 %, so die Wirtschaftsprüfungsgesellschaft Ernst & Young (EY). Für die Sozialversicherungsträger bedeutet dies einen volkswirtschaftlichen Schaden von rund drei Milliarden Euro jährlich. Ernst & Young betont, dass besonders Berufseinsteiger und Geringqualifizierte betroffen sind, aber eben auch Dienstleister, insbesondere Sicherheitsbedienstete, IT-Berater und Steuerberater. Folgende Berufsgruppen betrifft es am häufigsten:

- Grafikdesigner
- Immobilienmakler
- Kurierfahrer

- Lehrkräfte
- Programmierer
- Redakteure
- Reinigungskräfte
- Texter

Sollten Sie sich unsicher sein, ob Sie der Gefahr einer Scheinselbstständigkeit ausgesetzt sind oder werden, haben Sie im Vorfeld Möglichkeiten, dies herauszufinden, und können somit beträchtliche Strafen vermeiden:

1. Lassen Sie Ihren Status von der Deutschen Rentenversicherung feststellen.
2. Gestalten und formulieren Sie Aufträge nach den oben genannten Kriterien.
3. Lassen Sie sich von einem Anwalt für Arbeitsrecht beraten.
4. Auch ein Steuerberater kann Sie dementsprechend beraten.
5. Nutzen Sie Beratungsangebote der IHK.

9. Schritte zur Gründung eines Gewerbes

9.1 KRANKENVERSICHERUNG

In Deutschland ist eine Krankenversicherung Pflicht. Dabei besteht die Wahl zwischen einer gesetzlichen Krankenkasse oder einer privaten Versicherung. Bei einer Vollselbstständigkeit haben Sie die Möglichkeit, weiterhin Mitglied einer gesetzlichen Krankenkasse zu bleiben, indem Sie freiwillige Beiträge entrichten. Eine private Versicherung kann aufgrund Ihres Alters und Ihrer gewünschten Versorgung im Krankheitsfall sowie hinsichtlich Vorsorgeleistungen teuer werden. Für welche Variante Sie sich entscheiden, hängt also von Ihren Wünschen und Ansprüchen ab.

Sollten Sie sich nebenberuflich selbstständig machen wollen, sind Sie zwar über Ihren Arbeitgeber krankenversichert, müssen hier aber einige Dinge beachten:

Die Krankenkasse prüft, ob Ihre gewerbliche Tätigkeit als hauptberuflich eingestuft werden kann. Dafür werden der zeitliche Aufwand und das Einkommen herangezogen. Haben Sie einen Vollzeitjob und verdienen sich nebenher ein paar Euros mit einem Kleingewerbe, ist Ihre Tätigkeit natürlich nicht als Hauptberuf einzustufen und Ihr Versicherungsschutz bleibt durch Ihr Angestelltenverhältnis abgedeckt. Anders verhält es sich, wenn Sie einem Teilzeitjob nachgehen und sich selbstständig machen, denn hier gelten Zeit- und Verdienstgrenzen. Je nach Auslegung verändert sich der Versichertenstatus, wenn die nebenberufliche Tätigkeit mit mehr als 15, 18 oder 20 Std. pro Woche angegeben wird und das Nebengewerbe eine hohe wirtschaftliche Bedeutung hat. Dies ist der Fall, wenn das Gewerbe mehr als die halbe Bezugsgröße an Gewinn einbringt, denn dann ändert sich Ihr Versichertenstatus. 2021 liegt diese sogenannte „halbe Bezugsgröße“ bei knapp 1.650 €.

Als Faustregel kann man sagen: Arbeiten Sie neben Ihrem Angestelltenverhältnis 2 ganze Tage in der Woche selbstständig und verdienen mehr als 1.000 Euro im Monat, dann sollten Sie Ihre Krankenkasse unbedingt kontaktieren. Eine Beratung vorab kann Ihnen die Nachzahlung von hohen Krankenkassenbeträgen nach einem erfolgreichen Geschäftsjahr ersparen. Wenn Sie als Schüler, Student oder Hausfrau/-mann durch ein Familienmitglied familienversichert sind und keine eigene Krankenversicherung haben, darf Ihr monatliches Einkommen im Jahr 2021 nicht über 470 € liegen, sonst benötigen Sie eine eigene Krankenversicherung.

Wenn Ihre selbstständigen Einnahmen die Grenze der halben Bezugsgröße überschreiten, der zeitliche Aufwand umfangreicher ist oder Sie vollberuflich selbstständig sind, fallen Sie aus der gesetzlichen Krankenversicherung. Das bedeutet aber nicht, dass Sie nun zu einer privaten Versicherung wechseln müssen, denn auch hier haben Sie die Möglichkeit, durch freiwillig gezahlte Beiträge Mitglied in der Krankenkasse zu bleiben.

In jedem Fall ist es empfehlenswert, über ein Krankentagegeld für die Selbstständigkeit nachzudenken, unabhängig von der Größe Ihres Gewerbes. Letztendlich bestimmen auch Ihre Nebeneinkünfte Ihr Gesamteinkommen und wenn Sie aufgrund von längerer Krankheit ausfallen und Sie laufende Kosten haben, kann dies rasch zu einer wirtschaftlichen Dysbalance führen.

9.2 UNTERNEHMENSBEZOGENE VERSICHERUNGEN

In der Regel gibt es für Selbstständige neben der Krankenversicherung keine weiteren Pflichtversicherungen. Sind Sie als Gewerbetreibender in Vollzeit jedoch überwiegend für einen Kunden tätig oder gehören einer rentenversicherungspflichtigen Berufsgruppe an, z. B. dem Handwerk, dann müssen Sie sich um eine Sozialversicherung bemühen. Ob Sie sich zusätzlich für weitere Versicherungen entscheiden, hängt sehr stark von Ihrer Branche, Ihrer Unternehmensgröße, Ihrer Risikobewertung und Ihrem individuellen Gefühl ab. Es ist ratsam, sich vor der Gründung einmal mit den folgenden Versicherungen zu beschäftigen:

Betriebshaftpflichtversicherung: Diese Versicherung ersetzt Schäden, die durch die selbstständige Tätigkeit verursacht werden. Dazu zählen Personen- und Sachschäden sowie Vermögensschäden. Wenn Sie über eine Privathaftpflichtversicherung verfügen, lohnt sich ein Blick in die Versicherungspolice, denn einige Versicherungsunternehmen schließen gewerbliche Tätigkeiten mit in diese Versicherung ein. Sollte dies der Fall sein, sollten Sie unbedingt folgenden Punkt überprüfen:

Bis zu welcher Umsatzsumme gilt die private Haftpflichtversicherung auch für die Ausübung einer Nebentätigkeit? In der Regel gibt es Haftungsgrenzen. Haben Sie sich für die Kleinunternehmerregelung entschieden, sollten Sie die Umsatzsumme von 22.000 €/Jahr in Ihrer privaten Haftpflichtversicherung anpassen.

Sollte Ihr Kleinunternehmen z. B. selbst Produkte herstellen oder vertreiben, tragen Sie die Produkthaftung bzw. die erweiterte Produkthaftung. Diese speziellen Anforderungen werden von einer privaten Haftpflichtversicherung verständlicherweise nicht abgedeckt.

Beispiel: Sie machen sich als Computerspezialist selbstständig und reparieren den PC eines Kunden. Es kommt zu einem Kurzschluss, der PC ist nicht mehr einsatzfähig. Hier sprechen wir von einem Sachschaden und einem Vermögensschaden, denn der Kunde benötigt den PC zur beruflichen Ausübung und hat einen Verdienstausfall.

Wenn Sie eine Selbstständigkeit im Bereich Business- oder Persönlichkeits-Coaching, IT-Beratung bzw. -Entwicklung, Gesundheitsberatung, Kosmetikleistungen etc. planen, sollten Sie bedenken, dass Ihrem Auftraggeber ein finanzieller oder persönlicher Schaden - hervorgerufen durch Ihre Beratung, Entwicklung, Konzeption, Anwendung etc. - drohen könnte und Sie dafür haften.

Berufsunfähigkeitsversicherung, Rechtsschutz und Inhaltsversicherung sind weitere Versicherungen, über die Sie sich beraten lassen können. Überprüfen Sie, ob Ihre private Rechtsschutzversicherung oder Hausratversicherung (falls vorhanden) gewerbliche Tätigkeiten miteinschließt. Auch hier sollten Sie auf die Umsatzgrenzen achten. Betreiben Sie u. U. ein Lager oder eine Werkstatt, sollten Sie überlegen, das Inventar gewerblich absichern zu lassen, z. B. gegen Schäden bei Einbruch, Feuer oder Wasser. Eine Transportversicherung ist z. B. sinnvoll, wenn Sie mobil arbeiten und Ihre Arbeitsmittel in einem Fahrzeug aufbewahren. Lassen Sie sich vor der Gründung Ihres Unternehmens individuell beraten, was für Ihre Branche sinnvoll ist.

9.3 GESCHÄFTSKONTO

Für Kleinunternehmer ist ein Geschäftskonto nicht verpflichtend, aber ratsam, um den gewerblichen vom privaten Bereich abzugrenzen. Um spätere Nachweise zu erstellen, wie z. B. Kontoauszüge für das Finanzamt, ist dies die einfachste Lösung. Kostenlose Geschäftskonten sind bei vielen Direktbanken erhältlich, die für Kleinunternehmer und nebengewerblich Tätige Konten ohne Mindestgeldeingang anbieten.

9.4 GEWERBEANMELDUNG

Bestenfalls sollten Sie Ihr Kleingewerbe beantragen, bevor Sie die Geschäftstätigkeit aufnehmen. Spätestens mit Aufnahme einer gewerblichen Tätigkeit sind Sie anmeldepflichtig. Eine nachträgliche Gewerbeanmeldung stellt eine Ordnungswidrigkeit dar und kann mit einem Bußgeld bestraft werden. Die Anmeldung erledigen Sie bei Ihrem zuständigen Ordnungs- bzw. Gewerbeamt, entweder persönlich oder durch eine durch Sie bevollmächtigte Person, falls Sie selbst keine Zeit dazu haben. Sie benötigen Ihren Personalausweis oder Reisepass und zusätzliche Nachweise, falls erforderlich. Viele Gewerbeämter bieten bereits eine Online-Anmeldung an und den Ausdruck des Gewerbeformulars, das Sie vorab auszufüllen haben. Bei Neugründungen kleiner Einzelunternehmen sind rund zehn Angaben auf dem Formular zu machen:

1. Angaben zur Person des Gründers (Feld 3 bis 9)
2. Anschrift und Kommunikationsdaten des Gewerbes (Feld 12)
3. Die Tätigkeit, die angemeldet wird (Feld 15)
4. Haupt- oder Nebentätigkeit (Feld 16)
5. Datum des Beginns der gewerblichen Tätigkeit (Feld 17)
6. Art des Gewerbes: Industrie, Handwerk, Handel, Sonstiges (Feld 18)
7. Anzahl der Mitarbeiter (Feld 19)
8. Grund der Anmeldung: Neuerrichtung (Feld 23)
9. Angaben über Erlaubnisse, Genehmigungen, Befähigungsnachweise (Felder 28-31)
10. Datum und Unterschrift (Feld 32)

Die Angaben zu der Art des Gewerbes sollten sehr genau und ausführlich beschrieben werden. Eine allzu allgemein formulierte Tätigkeitsbeschreibung reicht dem Gewerbeamt üblicherweise nicht. In der Regel wird die Gewerbeanmeldung vor Ort abgestempelt und das ist Ihr Gewerbeschein! Je nach Region zahlen Sie für die Anmeldung zwischen 20 und 60 €.

Als Nichtkaufmann führen Sie mit einem Kleingewerbe keinen Firmennamen. Ihr Gewerbe läuft unter Ihrem Vor- und Nachnamen. Es muss erkennbar sein, dass Sie mit dem Unternehmen identisch sind. Sie haben aber die Möglichkeit, eine zusätzliche Geschäftsbezeichnung oder einen Zusatz zu wählen, beispielsweise als Hinweis auf Ihre Branche oder Ihre Tätigkeit. Beispiel: „Johann Müller - Hochzeitsplaner".

9.4.1 Genehmigungs- und aufsichtspflichtige Gewerbe

Grundsätzlich gibt es in Deutschland eine Gewerbefreiheit, dennoch sieht die Gewerbeordnung (GewO) vor, dass bestimmte Branchen und Berufe Qualitätsnachweise, Erlaubnisse, Führungszeugnisse, Fähigkeitsnachweise, Fachkundeprüfungen, Gesundheitsbescheinigungen und ähnliche Zeugnisse vorlegen müssen, wenn in diesem Bereich ein Gewerbe angemeldet wird. Neben der persönlichen Zuverlässigkeit werden die fachliche Qualifikation und die wirtschaftliche Leistungsfähigkeit abgefragt. Die betreffenden Branchen und Berufe werden vom Staat als sensibel eingestuft und der Kundenschutz steht dabei im Vordergrund. Beim Einzelunternehmen erbringt der Gründer die Nachweise, bei einer Personengesellschaft (GbR) müssen alle Gesellschafter die Nachweise erbringen. Abhängig von den gesetzlichen Vorschriften müssen folgende Nachweise, zusammen mit dem Antrag auf ein aufsichts- und genehmigungspflichtiges Gewerbe, eingereicht werden:

- Polizeiliches Führungszeugnis
- Steuerliche Unbedenklichkeitsbescheinigung
- Auszug aus dem Gewerbezentralregister
- SCHUFA-Auskunft
- Nachweis über fachliche Voraussetzungen (bei Handwerkern z. B. Meisterbrief)
- Ggf. Auszug aus dem Handelsregister
- Ggf. Nachweis einer Haftpflichtversicherung

Zusätzlich berühren einige Branchen neben der Gewerbeordnung noch andere gesetzliche Regelwerke, wie z. B. das Arzneimittelgesetz, das Kreditwesen, die Gaststättengewerbeordnung etc.

Das Handwerk ist in Deutschland besonders reguliert. Die Erlaubnisbehörde für alle Handwerker ist die örtlich zuständige Handwerkskammer. Ohne Meisterbrief dürfen die meisten Handwerksberufe nicht selbstständig ausgeübt werden. Neben der IHK gibt es noch unabhängige Anlaufstellen für freie Handwerker, zum Beispiel den Berufsverband unabhängiger Handwerkerinnen und Handwerker (BuH e. V.) und den Interessenverband freier und unabhängiger Handwerkerinnen und Handwerker (IFHandwerk e. V.).

Hier ein kleiner Auszug über erlaubnispflichtige Branchen und Berufe:

- Änderungsschneider/-in
- Altenpflege
- Bäcker
- Bewachung und Sicherheit
- Bodenleger
- Dachdecker
- Holzspielzeugmacher
- Elektrotechniker
- Fliesenleger
- Gold- und Silberschmied
- Immobilienmakler
- Kosmetiker
- Lotterie
- Personenbeförderung
- Med. Fußpflege
- Raumausstatter
- Reisegewerbe
- Speiseeishersteller
- Tanzveranstaltungen
- Tierzucht und -handel

Die vollständige Liste der zuständigen Behörden können Sie bei der IHK einsehen: https://www.frankfurt-main.ihk.de/existenzgruendung/rechtsfragen/idem/genehmigungspflichtiges_gewerbe/

Beispiel genehmigungspflichtiges Gewerbe:

Die Freundinnen Mona und Lisa, die gemeinsam in derselben Firma arbeiten, möchten sich nebenberuflich mit einem Food-Truck selbstständig machen. Sie gründen eine GbR mit dem Ziel, bei größeren Straßenfesten, Konzerten und Festivals mit Ihrem Food-Truck selbstgemachte Ofenkartoffeln zu verkaufen. Sie möchten beide persönlich zum Gewerbeamt gehen, um ihr Gewerbe anzumelden. Da es sich um eine Gewerbeanmeldung für Gastronomen handelt, ist sie genehmigungspflichtig. Zusätzlich zu den Unterlagen zur Gewerbeanmeldung wie Gesellschaftsvertrag, Personalausweis, polizeiliches Führungszeugnis und steuerrechtliche Unbedenklichkeitsbescheinigung (die sie vom Finanzamt erhalten) ist ein Gesundheitszeugnis vom örtlichen Gesundheitsamt notwendig.

Den kostenpflichtigen Antrag auf dieses Zeugnis haben Mona und Lisa bereits gestellt und erhielten vom Gesundheitsamt die Erstbelehrung, die zum einen eine Lebensmittel-Hygiene-Schulung nach EU-Verordnung beinhaltete und zum anderen eine Belehrung gemäß § 43 Infektionsschutzgesetz (IfSG). Die beiden Freundinnen wurden darüber aufgeklärt, dass sie diese Informationsveranstaltungen nun alle zwei Jahre besuchen müssen. Zusätzlich ist für die Gewerbeanmeldung ein Unterrichtungsnachweis von der IHK für Gastronomen erforderlich und Mona und Lisa haben auch dieses Seminar bei der IHK besucht. Da beide beschlossen haben, auch alkoholische Getränke verkaufen zu wollen, stellen sie beim Gewerbeamt zeitgleich zur Gewerbeanmeldung einen Antrag auf Schanklizenz.

Sie sind überrascht, als sie erfahren, dass sie beim Ordnungsamt jährlich ebenfalls einen Antrag auf Bewirtung im Freien stellen müssen, da sich beide nicht ganz sicher sind, ob die Veranstaltungen, die sie mit ihrem Food-Truck besuchen werden, auf privaten oder öffentlichen Plätzen abgehalten werden, außerdem würden sie gern eine Sitzgelegenheit für die zukünftigen Kunden anbieten. Mona und Lisas Gewerbeschein nennt sich im Fachjargon „Gewerbeschein für Gaststätten und Imbisswagen“, oder umgangssprachlich Reisegewerbekarte, und bevor sie diesen endlich in den Händen halten, haben sie während des Prozesses der Gewerbeanmeldung zusätzlich einen Nachweis erbracht, dass ihr Food-Truck den Lebensmittelrichtlinien entspricht. Dieser Nachweis wurde im Veterinäramt beantragt (je nach kommunaler Struktur nimmt diese Inspizierung auch die Lebensmittelbehörde vor). Automatisch erwerben Sie mit erfolgreicher Gewerbeanmeldung eine Mitgliedschaft in der Berufsgenossenschaft für Nahrungsmittel und Gastgewerbe und in der IHK. Den Zeitraum zwischen dem Erhalt der Reisegewerbekarte und der Planung für das erste große Event nutzen sie, um die – ebenfalls erforderliche – Genehmigung im Rahmen des Immissionsschutzgesetzes (BImSchV) zu erhalten. Bei dieser Genehmigung geht es darum, die Umwelt (Menschen, Tiere, Pflanzen, Boden, Wasser) vor umweltschädlichen Auswirkungen zu schützen. Mona und Lisa rechnen fest damit, dass das Ordnungsamt sowie die Lebensmittelaufsichtsbehörde auf Konzerten feste Kontrollen durchführen.

9.4.2 Gewerbe mit einem Strohmann anmelden

Es kommt immer wieder vor, dass Gründer auf die Idee kommen, ihr Nebengewerbe auf einen Verwandten oder den Partner anmelden zu wollen, um namentlich und rechtlich nicht in Erscheinung zu treten. Geführt wird das Gewerbe allerdings vom Gründer. Der Strohmann muss allerdings mit seiner Unterschrift überall herhalten und hat die Konsequenzen zu tragen:

- Erklärung der Gewinne in der Steuererklärung des Strohmannes
- Zahlung von Umsatz- und Gewerbesteuer im Namen des Strohmannes
- Verträge muss der Strohmann unterzeichnen (z. B. Angestellte, Strom, Telefon, Miete etc.)
- Eröffnung eines Geschäftskontos

Der Strohmann, der sich für so eine Aktion leichtfertig und gutgläubig zur Verfügung stellt, ist meist hinterher schlauer, wenn er feststellt, dass seine Unterschrift auf allen Dokumenten steht. Im schlimmsten Falle wird das Gewerbe zahlungsunfähig und der Strohmann haftet dann mit seinem Privatvermögen, das könnte in einer privaten und geschäftlichen Insolvenz münden.

In § 35 Gewerberecht (GewO) benutzt man den Begriff „Unzuverlässigkeit des Gewerbetreibenden“, in diesem Falle kann ein Gewerbe untersagt werden. Häufen sich Hinweise, dass ein Strohmanngewerbe gegründet wurde und nur der Gründer in Erscheinung tritt, während der eigentliche Inhaber des Gewerbes nie in der gewerblichen Tätigkeit auftaucht, und bei einer Kontrolle wird dies bestätigt, dann erhalten Sie nicht nur die Untersagung des laufenden Gewerbes, sondern auch zukünftiges Gewerbeverbot. Für die Nutzung eines Strohmannes gibt es in den allermeisten Fällen einen triftigen Grund, warum sollte man sonst sein Gewerbe auf eine andere Person anmelden?

Unter Umständen wird damit eine Straftat begangen oder wichtige Verpflichtungen werden verletzt:

1. Der Arbeitgeber hat eine Nebentätigkeit nicht genehmigt, vielleicht, weil der wöchentliche Stundenaufwand zu hoch angegeben war. Findet er heraus, dass trotzdem eine Nebentätigkeit durchgeführt wird, hat er das Recht auf fristlose Kündigung. Findet er es z. B. durch einen Privatdetektiv heraus, muss der Gekündigte sogar die Kosten für die Detektei tragen.

2. Sie melden Ihr Gewerbe auf eine andere Person an, um staatliche Leistungen, wie z. B. Rente, Arbeitslosengeld, Elterngeld etc., weiterhin zu beziehen. Das Erschleichen von Leistungen und Sozialleistungsbetrug ist eine Straftat und wird nach § 263 StGB mit einer Geldstrafe und ggf. einer Freiheitsstrafe von bis zu 10 Jahren geahndet.

3. Sie erhalten von Amts wegen die Genehmigung nicht, das Gewerbe zu eröffnen, vielleicht, weil es an Fachnachweisen oder einem einwandfreien Leumund fehlt. Tun Sie es doch durch den Strohmann und das Gewerbeamt kommt dahinter, winken bis zu 50.000 € Geldstrafe.

4. Sie mussten in der Vergangenheit eine Eidesstattliche Erklärung im Zuge eines Insolvenzverfahrens machen und möchten vermeiden, dass Ihre zukünftigen Gewinne zur Schuldentilgung verwendet werden. Das wahre Einkommen wird verschleiert, und sollte ein Gläubiger dahinterkommen und Sie anzeigen, ist der Restschulderlass in Gefahr. Unter Umständen zahlen Sie für den Rest Ihres Lebens Ihre Schulden ab, mal ganz abgesehen von der Anzeige und eventuellen Einträgen ins Vorstrafenregister.

Sollte jemand gefragt werden, ob er für eine andere, oft nahestehende Person als Strohmann auftreten könnte, um ein Gewerbe zu gründen, sollte die Antwort immer ein entschiedenes „Nein“ sein, zumindest sollte man sich der Risiken und Konsequenzen bewusst sein. Befindet man sich in einer Partnerschaft und wird vom Partner gefragt, sollte man immer bedenken, dass sich zwischenmenschliche Dinge innerhalb von Sekunden ändern können.

9.5 NACH DER ANMELDUNG BEKOMMEN SIE POST!

Die Angaben aus Ihrer Anmeldung werden vom Gewerbeamt an folgende Institutionen übermittelt, je nachdem, welche Gewerbeart angemeldet wurde:

- Finanzamt
- IHK und/oder HWK
- Agentur für Arbeit
- Gesetzliche Unfallversicherung (Berufsgenossenschaft)
- Statistisches Landesamt
- Zollverwaltung
- Gesundheitsamt
- Gewerbeaufsichtsamt
- Amt für Lebensmittelüberwachung, Arbeitsschutz, Gaststättenaufsichtsbehörde etc.

Handelt es sich bei Ihrem Kleingewerbe um ein sogenanntes „freies Gewerbe“ und Sie benötigen keine gesonderte Erlaubnis zur Ausübung, dann erhalten Sie vom Finanzamt den **Fragebogen zur steuerlichen Erfassung.**

9.6 ELSTER-ZUGANG EINRICHTEN

Wenn Sie noch nicht über einen Zugang zu Ihrem Portal des Online-Finanzamtes verfügen, dann ist es jetzt höchste Zeit, diesen einzurichten. Sämtliche Steuererklärungen und den Fragebogen zur steuerlichen Erfassung können nur noch in elektronischer Form abgegeben werden. ELSTER ist ein hochgesicherter Kommunikationsweg und ermöglicht eine moderne Übertragung und den Austausch von Steuerdaten zwischen Bürgern, Steuerberatern, Finanzämtern, Kommunen, Arbeitgebern und Verbänden. ELSTER ermöglicht die papierlose Abgabe sämtlicher Daten und Erklärungen und stellt dafür Programme bereit, die Ihnen bei der Ermittlung der erforderlichen Datensätze helfen.

1. Gehen Sie auf die Webseite elster.de und wählen Sie „Registrierung“
2. Anstelle eines Benutzernamens und eines Passworts erhalten Sie eine

Zertifikatsdatei und ein Passwort
3. Die Aktivierungsdaten für diese Zertifikatsdatei erhalten Sie vom Finanzamt per E-Mail und per Post
4. Aktivieren Sie Ihre Datei und Sie können sich nun einloggen

Alternativ zur Zertifikatsdatei können Sie sich auch:

• mit Ihrem Personalausweis einloggen, die Registrierung erfolgt innerhalb weniger Minuten und Sie haben sofort Zugang zu Ihrem ELSTER-Konto. Bedingung dafür ist ein Kartenlesegerät oder die AuweisApp2;

• mit einem USB-Sicherheitsstick einloggen. Bedingung ist der Erwerb eines USB-Sicherheitssticks und der Software ELSTER Authenticator, die einmaligen Anschaffungsgebühren belaufen sich auf 49,11€.

Das ELSTER-Programm hat viele Vorteile:

• Es übernimmt Daten aus dem Vorjahr, Sie müssen nicht immer alle persönlichen oder privaten Eingaben jedes Jahrs aufs Neue vornehmen.

• Es nimmt eine Steuerberechnung vor, die Sie einsehen können.

• Es zeigt Ihnen Ihre Bescheiddaten an und vergleicht diese mit den übermittelten Werten.

• Es stellt eine vorausgefüllte Steuererklärung bereit.

• Bei Eingabe und Übermittlung der Daten wird bereits eine Plausibilitätsprüfung gemacht

• Das Programm macht Sie auf Unstimmigkeiten bei der Dateneingabe aufmerksam.

9.7 FRAGEBOGEN ZUR STEUERLICHEN ERFASSUNG

Sie müssen dieses mehrseitige Formular ausfüllen, indem Sie die elektronische Version über die ELS-TER-Funktion des Online-Dienstes Ihres Finanzamtes nutzen. Die Angaben über den Zugang zu ELSTER erhalten Sie aber auch immer als

Information im Anschreiben des Finanzamtes.

Der Fragebogen enthält wichtige Bereiche wie

1. Allgemeine Angaben: Angaben zur eigenen Person, Ehepartner, Anschrift, Bankverbindung, Kontaktinformationen und Kontaktinformationen Ihres Steuerberaters

2. Angaben zur gewerblichen Tätigkeit: Informationen über Ihr Kleingewerbe, gern können Sie hier die Formulierungen aus der Gewerbeanmeldung übernehmen, damit Adress- und Kontaktdaten, Rechtsform, Eröffnungstermin und Tätigkeitsbeschreibung übereinstimmen

3. Angaben zur Einkommensteuer: Angaben zur Festsetzung der Vorauszahlungen wie Einkommens- und Gewerbesteuer. Hier geben Sie Ihre Einschätzung über die voraussichtlichen Einkünfte im laufenden Jahr, also im Jahr der Gründung, und für das nächste, also das kommende Jahr, an. Sind Sie verheiratet, werden auch die Einkünfte Ihres Partners abgefragt. Es werden ferner alle Einkunftsquellen abgefragt, nicht nur die des Gewerbes, sondern zum Beispiel auch jene aus einer nichtselbstständigen Tätigkeit (Arbeitnehmer) oder Renten, Zinserträge sowie Erträge aus Vermietung oder Verpachtung. Bei Löhnen und Gehältern, Renten und anderen regelmäßigen Einkommensarten tragen Sie die Werte ein, die Sie aus dem Vorjahr kennen. Bei Einkünften aus gewerblichen und anderen selbstständigen Tätigkeiten bei Ihnen oder Ihrem Ehepartner reichen realistische Einschätzungen. Ihre voraussichtlichen privaten Sonderausgaben oder sonstigen Steuerabzugsbeträge können Sie ebenfalls eintragen.

4. Gewinn-Ermittlung: Kleingewerbetreibende (Kleinunternehmerregelung!) wählen die Einnahmen-Überschuss-Rechnung.

5. Angaben über Anmeldung zur Lohnsteuer, falls Ihr Gewerbe Mitarbeiter beschäftigt

6. Angaben zur Umsatzsteuer: Für Kleingewerbetreibende ist hier die Möglichkeit gegeben, die Jahresumsätze und die des Folgejahres so zu wählen, dass sie von der Umsatzsteuer befreit werden.

7. Angaben zur GbR, Informationen zur Beteiligung an einer Personengemeinschaft

Das Finanzamt ermittelt anhand Ihrer Angaben die **vierteljährlich fälligen Einkommensteuer-Vorauszahlungen**. Liegen Sie mit Ihrem Gewinn höher als 24.500 €, fällt auch die Gewerbesteuer-Vorauszahlung an.

Sollten sich im Laufe des Jahres Änderungen an den Einkommensverhältnissen oder Lebensumständen ergeben, können formlos Anpassungen beim Finanzamt beantragt werden. Das Finanzamt passt die Steuervorauszahlungen zukünftig automatisch auf Grundlage der Steuererklärungen an.

9.7.1 Ausfüllhilfe Fragebogen zur steuerlichen Erfassung

Da bereits persönliche Daten für die Registrierung bei ELSTER eingegeben wurden, wählen Sie bei der Datenübernahme „Mein Profil" aus, Ihre persönlichen Daten werden dann automatisch importiert. Für eine Neugründung wählen Sie den Punkt „Neue Steuernummer beantragen". Anhand Ihrer Adresse können Sie Ihr zuständiges Finanzamt ermitteln oder Sie wählen aus einer Liste Ihre zuständige Finanzbehörde aus, diese Angaben werden automatisch in das Formular übertragen.

Alle Zeilenangaben beziehen sich auf das aktuelle Formular für 2021. Da diese Dokumente angepasst werden, kann es sein, dass die Zeilenangaben im kommenden Jahr nicht mehr zutreffend sind bzw. sich verschieben.

Seite	**Zeilen**	**Art der Eintragung**
1	1	Zuständiges Finanzamt
	3	Hier wählen Sie aus, wenn Sie eine GbR gegründet haben, Einzelunternehmen lassen diesen Punkt frei
	4-10	Persönliche Angaben, Adresse, Geburtsdatum, Beruf
	11	Steuernummer
	12	Angaben über den persönlichen Status (verheiratet, geschieden, verwitwet)
	14-20	Angaben über Ihre/n Ehepartner/in bzw. Lebenspartner

	21-24	Kontaktdaten (E-Mail, Telefonnummer)
	25-26	Art des Gewerbes (genaue Bezeichnung der Tätigkeit, hier können die Angaben aus der Gewerbeanmeldung übernommen werden)
	27-35	Kontoverbindung (für Steuererstattungen), aufgeteilt in Umsatzsteuer- und Einkommensteuererstattungen
	36	Einverständniserklärung zum SEPA-Lastschriftverfahren (empfiehlt sich für regelmäßige Steuervorauszahlungen)
	37-46	Angaben über einen Steuerberater, falls vorhanden
2	49-59	Angabe über einen Empfangsbevollmächtigten für alle Steuerarten, hier kann der Steuerberater eingetragen und gewählt werden (Zeile 49). Das Finanzamt kontaktiert dann Ihren Steuerberater direkt.
	60-67	Bisherige persönliche Verhältnisse: Umzug in den letzten 12 Monaten und Frage, ob Sie oder Ihr Ehe- bzw. Lebenspartner in den letzten 3 Jahren bereits einkommensteuerlich erfasst wurden? (gewerblich/angestellt, Steuernummer)
	68-78	Angaben zur gewerblichen Tätigkeit (Name, Anschrift, Kommunikationsverbindung)
2	79	Beginn der gewerblichen Tätigkeit
	80-95	Angaben über mehrere Betriebsstätten und Eintrag ins Handelsregister, für Kleingewerbe treffen diese Angaben gewöhnlich nicht zu

	96-104	Angaben, ob es sich um eine Gewerbe-Neugründung, Verlegung oder Übernahme (z. B. durch Kauf, Pacht, Schenkung, Vererbung) handelt.
	105-109	Bisherige betriebliche Verhältnisse: waren Sie in den letzten 5 Jahren schon einmal gewerblich tätig bzw. waren Sie Teil einer Personengesellschaft (GbR)? Falls Ja, Angaben zum damaligen Gewerbe mit Angabe der Steuernummer
	110-118	Angaben zur Festsetzung der Steuervorauszahlungen (Prognose der voraussichtlichen Einkünfte, Einnahmen aus einem Angestelltenverhältnis – so bei nebenberuflichen Gründungen – werden in Zeile 113 eingetragen. Es handelt sich dabei um den Bruttoarbeitslohn abzüglich der Werbungskosten)
	119	Hier wählen Sie als Kleingewerbe die Einnahmen-Überschuss-Rechnung (EÜR) aus
	123	In den meisten Fällen ist das Wirtschaftsjahr mit dem Kalenderjahr identisch und umfasst 12 Monate. Bei Neugründungen, Verkauf, Erwerb oder Aufgabe kann der Zeitraum kürzer sein, hier wird der Beginn der gewerblichen Tätigkeit eingetragen
	124	Für Kleingewerbe entfällt die Angabe zur Bauabzugssteuer
3	125-131	Anmeldung und Abführung von Lohnsteuer (wenn zu Beginn bereits Mitarbeiter angestellt werden, werden hier notwendige Angaben gemacht, z. B. geringfügig beschäftigt/Aushilfen/Festanstellung, Angaben zur Lohnsteuer)

	132-135	Geschätzte Summe der Umsätze, in Zeile 134 wird die Kleinunternehmerregelung nach §19 UStG in Anspruch genommen, in Zeile 135 wird auf die Regelung verzichtet, obwohl die Umsatzgrenze voraussichtlich nicht überschritten wird.
	136-147	Als Kleingewerbe entfallen für gewöhnlich diese Angaben und können übersprungen werden.
	148-152	Diese Angaben sind nur relevant, wenn überhaupt Umsatzsteuer abgeführt wird. Ist dem so, wird die Ist-Versteuerung ausgewählt (Sie versteuern nur dann, wenn Sie das Geld erhalten und nicht schon bei der Einforderung bzw. Rechnungserstellung).
	153-155	Beantragung einer Umsatzsteuer-Identifikationsnummer (nur relevant, falls Auslandsgeschäfte geplant sind, weitere Informationen erhalten Sie im Kapitel „Kleingewerbe mit Auslandsgeschäften")
	156-170	Angaben entfallen für Kleinunternehmer und können übersprungen werden
4	171-179	Angaben, falls der Handel mit Waren im Internet geplant ist – Onlineshop –
	180-185	Angaben zur Beteiligung an einer Personengesellschaft (bei Gründung einer GbR auszufüllen)
	186-190	Beigefügte Anlagen, wie z. B. Teilnahme am Lastschriftverfahren, Empfangsvollmacht für Ihren Steuerberater (siehe Zeile 49), Übersicht Ihrer Online-Marktplätze bei Online-Warenhandel (siehe Zeile 174), Gesellschaftsvertrag (GbR)
	191	Datum und Unterschrift bzw. elektronische Übermittlung

10. Rechte und Pflichten im laufenden Geschäftsjahr

10.1 DOKUMENTATION

Sie haben bereits erfahren, dass Sie - sofern Sie die Kleinunternehmerregelung in Anspruch nehmen - von der doppelten Buchführungspflicht befreit sind. Eine gewisse Grundordnung ist dennoch vorgeschrieben und erleichtert Ihnen die Erstellung der Einnahmen-Überschuss-Rechnung. Für Ihre Eingangs- und Ausgangsrechnung empfiehlt sich das Anlegen eines einfachen Buches, in dem Sie alle Eingangsrechnungen, also z. B. Bürobedarf, Telefonkosten, Steuerberatungskosten und Einkäufe für den gewerblichen Bedarf, auflisten.

Dem gegenübergestellt sollten Sie alle Ausgangsrechnungen, die Sie an Ihre Kunden schicken oder aushändigen, notieren. Wichtig dabei sind das Rechnungsdatum und die fortlaufende Nummerierung der Rechnungen. Wann das Geld tatsächlich bezahlt wurde, können Sie in einer eigenen Spalte festhalten. So behalten Sie auch gleich den Überblick, ob es noch offene Rechnungen gibt, und können diese ggf. abmahnen. Natürlich können Sie diese Vorgehensweise auch elektronisch per Computer anwenden, z. B. in einer Excel-Tabelle oder mit der Nutzung einer entsprechenden Buchhaltungs-Software.

Kopien Ihrer Ausgangsrechnungen sollten Sie chronologisch abheften, genauso wie Ihre Eingangsrechnungen. Auch für Sie als Kleingewerbe gilt eine Aufbewahrungsfrist der Unterlagen für zehn Jahre. Dabei ist zu beachten, dass das benutzte Papier für Kopien und Rechnungen eine entsprechende Qualität haben muss, um die Dokumente vor Verblassen zu schützen. Als Kleingewerbe müssen Sie eine Kasse mit eingehendem und ausgehendem Bargeld führen, über die ein Kassenbuch zu führen ist, in dem alle Einlagen und Entnahmen notiert sind. Angebote und Auftragsbestätigungen sind ebenfalls chronologisch abzuheften, gleiches gilt für Mahnungen, die Sie herausschicken.

10.2 CHECKLISTE ADMINISTRATIVE ORGANISATION

1. Kassenbuch: Tägliche Bareinnahmen und Barausgaben werden hier mit Datum, Bezeichnung und Betrag aufgeführt
2. Bankordner: Hier sammeln Sie Kontoauszüge bzw. die Kontobewegungen
3. Eingangsrechnungen-Ordner: Sammlung von Lieferanten-Rechnungen, Bestellungen, Einkäufen
4. Ausgangsrechnungs-Ordner: Sammlung von Kopien Ihrer erstellten Rechnungen
5. Stammakte Gewerbe: In diesem Ordner sammeln Sie alle Nachweise und Belege, die dauerhaft Gültigkeit besitzen, wie z. B. Mietverträge, Telekommunikationsverträge, Versicherungsverträge, Steuernummern etc.
6. Steuer-Ordner: Unterteilt nach Steuerarten heften Sie hier den Schriftverkehr mit dem Finanzamt ab, Ihre Steuerbescheide über Gewerbesteuer, Einkommensteuer und Umsatzsteuer
7. Ordner für Anlagevermögen: Hier werden alle Belege über die Anschaffung für langfristig dem Gewerbe dienende Güter abgeheftet, z. B. Maschinen, Rohstoffe, Waren, Firmenauto, PC etc.
8. Ordner für gestellte Angebote und erteilte Aufträge

10.3 KORREKTE RECHNUNGSERSTELLUNG

In den § § 14 und 14a Umsatzsteuergesetz (UStG) ist genau geregelt, welche Pflichtangaben eine Rechnung zwingend enthalten muss:

1. Name und Anschrift des Rechnungsempfängers
2. Name und Anschrift des Rechnungsausstellers
3. Rechnungsdatum = Datum der Ausstellung der Rechnung
4. Rechnungsnummer (darf nur einmal vergeben sein!)
5. Menge und Bezeichnung der gelieferten Waren bzw. geleisteten Dienstleistung
6. Netto-Beträge der Waren und Dienstleistungen
7. Steuersätze und -beträge
8. Liefer- und Leistungsdatum der Waren bzw. Dienstleistung
9. Steuernummer oder Steuer-ID des Ausstellers

Wichtig ist hier die Unterscheidung zwischen den einzelnen Datierungen. Wenn es sich um eine Dienstleistung handelt, ist das Leistungsdatum unbedingt anzugeben. Das muss mit dem Rechnungsdatum nicht übereinstimmen: das Leistungsdatum ist der Zeitpunkt, an dem die in Rechnung gestellte Leistung vollständig erbracht wurde. Wenn eine Leistung am 31. eines Monats erfolgt und die dazugehörige Rechnung einen Tag später erst geschrieben wird, muss in der Rechnung deutlich erkennbar sein, dass die Leistung im letzten Monat erfolgte. Handelt es sich bei einer Dienstleistung um einen längeren Zeitraum, gibt der Kunde üblicherweise sein Einverständnis zur Abrechnung oder es gibt eine Abnahme. Zeitpunkt der Abnahme durch den Kunden ist das Leistungsdatum. Kleinunternehmer sind nach § 14 Abs. 2 Satz 1 UStG verpflichtet, innerhalb von sechs Monaten nach Leistungserbringung eine Rechnung an den Leistungsempfänger zu stellen.

Haben Sie sich für die Kleinunternehmerregelung entschieden, dürfen Ihre Rechnungen keine Umsatzsteuer und Umsatzsteuer-Identifikationsnummer aufweisen und Sie müssen dafür einen Grund angeben. Folgende Formulierungen können Sie wählen:

- Gemäß § 19 UStG enthält der Rechnungsbetrag keine Umsatzsteuer.
- Kein Ausweis von Umsatzsteuer, da Kleinunternehmer gemäß § 19 UStG
- Im ausgewiesenen Rechnungsbetrag ist gemäß § 19 UStG keine Umsatzsteuer enthalten.
- Als Kleinunternehmer nach § 19 UStG wird keine Umsatzsteuer erhoben.
- Kein Umsatzsteuerausweis aufgrund von Anwendung der Kleinunternehmerregelung gemäß § 19 UStG

In unserem weiter oben genannten Beispiel der Freunde Kai und Lars, die auf dem Flohmarkt aufbereitete Möbel verkaufen wollen, ist eine Rechnungserstellung am Computer natürlich unmöglich, da es sich bei den Kunden hauptsächlich um Laufkundschaft handelt. **Wenn es sich bei Kunden ausschließlich um Privatpersonen handelt, steht es dem Kleinunternehmer grundsätzlich frei, ob er eine andere Form der Rechnung wählt oder gar keine ausstellt.** Hier empfiehlt es sich, einen Quittungsblock nach DIN-Vorschrift zu benutzen, z. B. „Quittung 1742“ von Avery Zweckform ohne Mehrwertsteuer, speziell für Kleinunternehmer.

Die Quittungsblöcke gibt es auch mit Mehrwertsteuerausweisung und sie sind in jedem gut sortierten Schreibwarenladen erhältlich. Für den Hinweis auf die Kleinunternehmerregelung sowie Namen und Anschrift eignet sich ein entsprechender Stempel. Bei der Benutzung von Quittungsblöcken ist ebenfalls besondere Sorgfalt bei der fortlaufenden Nummerierung, Datierung, Leistungsbeschreibung und Abheftung der Durchschläge (für Ihre Unterlagen!) erforderlich.

10.4 FEHLER IN DER RECHNUNG, WAS NUN?

1. Pflichtangaben vergessen: Werden Sie von einem Kunden auf fehlende Angaben hingewiesen, vervollständigen Sie die Rechnung und stellen diese erneut zu. Das ist wichtig für Ihren Kunden, da er womöglich aufgrund der fehlenden Angabe die Vorsteuer nicht geltend machen kann.

2. Fehler: Den Hinweis auf die Kleinunternehmerregelung und Befreiung von der Umsatzsteuer vergessen! Hier kann es zu Verzögerungen der Zahlung kommen, denn Ihr Kunde wird die fehlende Umsatzsteuer bemängeln. Sie müssen die Rechnung dahingehend korrigieren und erneut zustellen.

3. Fehler: Mehrwertsteuer auf Rechnungen ausweisen! Wer von der Umsatzsteuer befreit ist und trotzdem in der Rechnung seine Leistungen mit 19 % Mehrwertsteuer berechnet, muss den jeweiligen Steuerbetrag ans Finanzamt abführen. Der Rechnungsempfänger muss von der fälschlich ausgestellten Rechnung in Kenntnis gesetzt werden und die Korrektur muss beim Finanzamt beantragt werden. Hat das Finanzamt dem Unternehmer noch keine Vorsteuer erstattet, erhält der Unternehmer den an das Finanzamt gezahlte Betrag zurück. Hat der Rechnungsempfänger die Vorsteuer schon geltend gemacht, dann muss der Unternehmer die Korrektur beim Finanzamt beantragen und sein Kunde muss die Vorsteuer zurückzahlen, ehe das Finanzamt den Betrag zurückerstattet.

Zu Punkt 1 und 2 genügt der korrigierte Versand der Rechnung, wenn die Leistung noch nicht bezahlt wurde (mit der gleichen Rechnungsnummer wie das Original!). Ist bereits bezahlt worden, muss eine Stornorechnung, auch Rechnungskorrektur oder Korrekturrechnung genannt, erstellt werden. Einfach ausgedrückt ist dies eine Gutschrift. Danach schreibt man eine neue, korrigierte Rechnung mit einer eigenen Rechnungsnummer.

Die Gutschrift enthält:

1. Eigene Rechnungsnummer
2. Eigenes Rechnungsdatum
3. Hinweis, dass es sich um eine Stornorechnung bzw. Gutschrift handelt
4. Bezug auf die Original-Rechnung mit Datum und Rechnungsnummer („Sehr geehrter Kunde, hiermit schreibe ich Ihnen den Betrag XY aus der Rechnung mit der Nr. 123 vom 15.05.21 gut.“)
5. Ein Minus vor dem Rechnungsbetrag, da es sich um eine Gutschrift handelt.

10.5 WAS, WENN EIN KUNDE NICHT ZAHLT?

Man munkelt in der Unternehmerszene, die Zahlungsmoral in Deutschland wäre schlecht. Sie sollten sich darauf gefasst machen, dass Kunden Rechnungen sehr spät oder grundsätzlich erst nach mehrfachen Mahnungen bezahlen. Für Kleinunternehmer kann diese Situation besonders belastend sein, insbesondere, wenn man hauptberuflich gewerblich tätig ist und keine großen finanziellen Rücklagen besitzt. Wird ein Zahlungsziel überschritten, sollte der erste Schritt die persönliche bzw. telefonische Kontaktaufnahme mit dem Kunden sein, denn es kann gut sein, dass der Kunde es bestenfalls einfach nur vergessen hat. Oftmals liegen dahinter nicht böswillige Gründe, wie z. B. die Erkrankung oder der Urlaub des/r Buchhalter/in oder einfach eine schlampige Buchführung. In beiden Fällen ist man für Ihren Anruf dankbar. Befindet sich Ihr Kunde in Zahlungsschwierigkeiten, ist die Kontaktaufnahme wichtig, um das weitere Vorgehen zu klären (z. B., um Teilzahlungen zu vereinbaren).

Bei größeren Unternehmen haben Untersuchungen gezeigt, dass die Rechnungen bei Liquiditätsengpässen derer Unternehmen zuerst gezahlt werden, mit denen man in telefonischem Kontakt steht. An der Reaktion Ihres Gegenübers können Sie auch schon ablesen, wohin die Reise geht. Ist Ihr Geschäftspartner nicht erreichbar, lässt sich verleugnen und wartet die Mahnungen ab, nimmt er ein Inkasso-Verfahren in Kauf, dieses verschafft ihm deutlich mehr Zeit. Ungünstig für Sie, denn diese Verfahren ziehen sich in die Länge und wenn es sich um eine erbrachte Dienstleistung handelt, kann der Kunde nachträglich Einspruch erheben und die Rechnung beanstanden. Das Ergebnis einer Dienstleistung ist viel unkomplizierter zu beanstanden als die Lieferung von Waren. Erhebt Ihr Kunde im Nachhinein Einspruch, müssen Sie als Dienstleister alle Arbeiten belegen, eine Abnahme durch den Kunden nachweisen und ggf. tatsächliche Mängel beseitigen. Das ist zeitaufwendig und belastet das Nervenkostüm, daher sollte ein Inkasso-Verfahren der letzte Ausweg sein. Folgende Schritte geht man üblicherweise:

1. Höfliche Zahlungserinnerung, schriftlich
2. Telefonische Kontaktaufnahme
3. Bringt die Kontaktaufnahme kein Ergebnis: Mahnung mit einer Zahlungsfrist von 7 Tagen
4. Einleitung gerichtliches Mahnverfahren
5. Liegt ein Vollstreckungsbescheid vor, Beauftragung des Gerichtsvollziehers

Das gerichtliche Mahnverfahren kann auch ohne Anwalt ins Rollen gebracht werden, zuständig sind die örtlichen Amtsgerichte. Gerade bei kleinen Forderungen übersteigen oft die Anwaltskosten die eigentlich ausstehenden Beträge. Wenn Sie ein Inkasso-Büro mit Ihren Angelegenheiten beauftragen, nehmen sich dessen Mitarbeiter Ihrer offenen Rechnungen ab der ersten Mahnung an und kümmern sich um gerichtliche Schritte.

10.6 EINNAHMEN-ÜBERSCHUSS-RECHNUNG (EÜR)

Als Kleingewerbe und Gründer können Sie die EÜR einem Steuerberater überlassen oder selbst machen, z. B. mit einer entsprechenden Software, einer Vorlage für Excel oder in Ihrem Konto bei ELSTER. Je nachdem, für welchen Weg Sie sich entscheiden, hat dies Auswirkungen auf die Abgabefrist. Die EÜR ist Teil Ihrer Einkommensteuererklärung und bezieht sich auf Ihre gewerbliche Tätigkeit. Ohne einen Steuerberater muss die EÜR bis zum 31. Juli des Folgejahres beim Finanzamt eingehen, beantragen Sie selbst eine Fristverlängerung, ist Stichtag der 30. September. Bei Erledigung durch einen Steuerberater ist Abgabefrist der 31. Dezember (beantragt dieser eine Verlängerung, dann verlängert sich die Frist bis zum letzten Tag im Februar). Dieselben Fristen gelten ebenso für die Einkommensteuererklärung.

Bei der EÜR ermitteln Sie Ihre gesamten Einnahmen, dabei sind Nettoeinnahmen und Umsatzsteuer getrennt gekennzeichnet sowie Ihre gesamten Ausgaben, ebenfalls getrennt nach Nettoausgaben und Vorsteuer.

Nutzen Sie die Kleinunternehmerregelung, entfallen für Sie Umsatz- und Vorsteuer. Für die Gewinnermittlung benötigen Sie zusätzlich Abschreibungen, falls vorhanden.

Gewinn = Gesamteinnahmen - Gesamtausgaben - Abschreibungen.

Abschreibungen beziehen sich auf abnutzbare Wirtschaftsgüter, die Sie in einem Verzeichnis führen, z. B. ein gewerblich genutztes Auto, PCs, Maschinen etc. Geringwertige Güter unter 800 € werden in einem separaten Verzeichnis geführt. Notieren Sie beschränkt absetzbare Ausgaben, wie z. B. das Arbeitszimmer zu Hause oder die Bewirtung für Ihre Kunden. Es ist dringend zu empfehlen, eine entsprechende Software zu benutzen oder die ELSTER-Funktion, denn diese Programme haben eine Hilfe-Funktion und fragen alle Punkte Schritt für Schritt ab. Bewahren Sie alle Belege und Rechnungen sortiert nach Datum auf, das erleichtert Ihnen die Eingabe der Daten in das Programm.

Zu den **Gesamtausgaben** zählen:

- Löhne und Gehälter
- Abschreibungen
- Eingekaufte Dienstleistungen, z. B. für Beratung (Steuerberater, Anwalt, Coaching)
- Wareneinkäufe/Arbeitsmittel, hier wird unterschieden zwischen Büromaterial und Arbeitsgeräten (PC, Einrichtungsgegenstände, Taschenrechner etc.)
- Kfz-Kosten
- Bezahlte Vorsteuer
- Miete für gewerblich genutzte Räume (z. B. Werkstatt, Lager)
- Bezahlte Umsatzsteuer

Wird ein privates Kfz für gewerbliche Fahrten benutzt, ist ein Fahrtenbuch zu führen, also eine Liste, aus der hervorgeht, welche Fahrten mit dem Auto für betriebliche Zwecke unternommen werden, mit Datum, dem Anlass und dem Fahrtziel sowie den gefahrenen Kilometern. Die so nachgewiesenen Kilometer können mit einer Pauschale abgesetzt werden.

Anhand des Beispiels von Kai und Lars, die eine EÜR mit der ELSTER-Funktion erstellen, wird der Unterschied zwischen Einnahmen und Ausgaben deutlich gemacht: Ihre Gesamteinnahmen bestehen aus allen Verkäufen, die sie auf dem

Flohmarkt getätigt haben und die sie anhand der Durchschläge der Quittungsblöcke ermitteln sowie dem Abgleich des Kassenbuches, da Sie hauptsächlich Bareinnahmen haben. Ihre Gesamtausgaben bestehen zum einen aus den Abschreibungen für das gewerblich genutzte Fahrzeug (sofern es neu angeschafft wurde), den Kosten für Benzin, Versicherung, Reparatur, Maut etc., den Kosten für eine steuerliche Beratung, Büromaterial (Quittungsblöcke, Preisschilder, Stifte), Flohmarkt-Standgebühren, anteilige Nutzung von Lars' Werkstatt in seinem Haus inklusive Strom, Arbeitsmittel wie Schleifmaschine, Werkzeuge, Pinsel, Farben und Lacke, Möbelgriffe und -scharniere etc. Die Differenz der beiden Posten ergibt den gewerblichen Gewinn.

10.6.1 Ausfüllhilfe EÜR

Die EÜR ist nur in elektronischer Form einzureichen. Eine Papierform steht nur in Ausnahmefällen zur Verfügung. Angaben, die per Kalender für Fahrten oder Verpflegung oder zur Feststellung der Nutzungsanteile für Telefon/Internet zu errechnen sind, werden durch zusätzliche Funktionen in ELSTER errechnet. Jeder Posten wird gesondert abgefragt und es öffnen sich zur „gesonderten Ermittlung" Fenster, wo die Beträge anhand Ihrer Eingabe automatisch errechnet werden. In der Hilfe-Funktion können Sie Erklärungen der einzelnen Posten abrufen.

Die Zeilenangaben beziehen sich auf das aktuell gültige elektronische Format 2021. Da Formulare von den Finanzbehörden angepasst werden, kann es sein, dass die Zeilenangaben im kommenden Jahr nicht mehr übereinstimmen bzw. sich verschieben.

Seite	Zeilen	Art der Eintragung
1	1-2	Vor- und Nachname, Gewerbename
	3	Betriebssteuernummer
	4	Nur auszufüllen, wenn Ihr Betriebsjahr vom Kalenderjahr abweicht
	5-8	Informationen über Ihr Gewerbe aus dem Gewerbeschein

	9	Auszufüllen, wenn Sie im Wirtschaftsjahr das Gewerbe abgemeldet oder verkauft haben
	10	Haben Sie im Wirtschaftsjahr Grundstücke verkauft oder grundstücksgleiche Rechte entnommen? Ja/Nein
	11-12	Wenn Sie die **Kleinunternehmerregelung** beanspruchen, tragen Sie in Zeile 11 alle Betriebseinnahmen ein. Nicht steuerbare Umsätze kommen in Zeile 12. (Haben Sie hier Eintragungen vorgenommen, können Sie die Zeilen 13-16 überspringen)
	13	Betriebseinnahmen als Land- und Forstwirt
	14	Alle umsatzsteuerpflichtigen Umsätze (Beträge ohne Umsatzsteuer eintragen, die Umsatzsteuer wird in Zeile 16 eingetragen)
	15	Eintrag umsatzsteuerfreie Umsätze (z. B. Zinsen, Einnahmen von Ärzten) Eintrag Betriebseinnahmen, die nicht steuerlich erfasst werden (z. B. Entschädigungen von Versicherungsträgern), auch Hilfen und Zuschüsse aufgrund der Corona-Pandemie Eintrag Betriebseinnahmen an Leistungsempfänger, die die Umsatzsteuer schulden (z. B. Handel mit einem Unternehmen, dessen Sitz im Ausland ist)
	16	Umsatzsteuer auf die Umsätze aus Zeile 14
	17	Haben Sie vom Finanzamt Umsatzsteuer erstattet bekommen, tragen Sie den Betrag hier ein
	18	Einnahmen, die durch den Verkauf von gewerblichem Anlagevermögen entstanden sind (z. B. Verkauf von einem Dienstwagen). Wenn Ihr

		Unternehmen umsatzsteuerpflichtig ist, tragen Sie hier den Nettobetrag (ohne Umsatzsteuer) ein, die darauf entfallene Umsatzsteuer gehört ebenfalls in Zeile 16 Entnahme von Anlagevermögen für private Zwecke (sollte kein Geldwert zurückgeflossen sein, muss der Verkaufspreis geschätzt werden)
	19	Private Kfz-Nutzung (Nettobetrag) *(Kann von einer Zusatzfunktion im Programm ermittelt werden)*
	20	Auszufüllen, wenn Sie Waren für außerbetriebliche Zwecke, z. B. für den Privatgebrauch, entnommen haben. Als Bezugswert ist der Wiederbeschaffungswert zum Zeitpunkt der Entnahme ermittelt (Nettobetrag, die Umsatzsteuer wird ebenfalls in Zeile 16 eingetragen)
	21	Auflösung von Rücklagen und Ausgleichsposten, falls vorhanden (Wert aus Zeile 124)
	22	= Summe der Betriebseinnahmen
	23-25	Betriebsausgabenpauschale (nur für besondere Berufsgruppen zutreffend, die anstelle der tatsächlich anfallenden Betriebsausgaben eine Pauschale geltend machen können, z. B. Tagespflegepersonal, Übungsleiter, nebenberufliche Lehr- und Prüfungstätigkeit, nebenberufliche Künstler, Wissenschaftler oder Schriftsteller, hauptberufliche Schriftsteller oder Journalisten) Land- und Forstwirte sowie Weinbaubetriebe tragen die Pauschale in Zeile 25 ein
	26	Kosten für den Einkauf von Waren, Rohstoffen, Hilfsstoffen (Nettobeträge ohne Umsatzsteuer),

		insbesondere für Handel, Industrie, Handwerk und Gastronomie
	27	Bezogene Fremdleistungen (Wenn Sie Dienstleistungen anderer Unternehmen in Anspruch genommen haben, Nettobetrag ohne Umsatzsteuer eintragen)
	28	Ausgaben für eigenes Personal (Haben Sie Angestellte, dann tragen Sie hier Bruttolöhne, gezahlte Lohnsteuer, Versicherungsbeiträge, Lohnnebenkosten ein)
1-2	29-45	Absetzung für Abnutzung (AfA) für Güter, die sich in Ihrem Anlagevermögen befinden, deren Anschaffungskosten nicht als Betriebsausgaben angesetzt werden, sondern über die Nutzungsdauer abgeschrieben werden
2	46	Miete oder Pacht für gewerblich genutzte Räume oder Grundstücke
	47	Kosten für doppelte Haushaltsführung aufgrund betrieblicher Tätigkeit (z. B. Miete, Einrichtungsgegenstände, ggf. Renovierungskosten) *Kosten für Verpflegungsmehraufwendungen und Familienheimfahrten werden hier nicht eingetragen*
	48	Sonstige Aufwendungen für betrieblich genutzte Grundstücke (z. B. Grundsteuer, Instandhaltungskosten)
	49	Aufwendungen für Telekommunikation (Telefon, Internet) Nutzen Sie Ihre privaten Anschlüsse, dürfen Sie nur den geschäftlichen Anteil eintragen *(kann in einer Zusatzfunktion vom Programm ermittelt werden)*

	50	Übernachtungs- und Reisenebenkosten für geschäftliche Zwecke (z. B. Hotel- bzw. Unterbringungskosten, Parkgebühren) *Fahrtkosten werden hier nicht eingetragen*
	51	Fortbildungskosten (z. B. Seminargebühren, Prüfungskosten, Kursgebühren)
	52	Kosten für Beratung und Buchhaltung (z. B. Kosten für den Steuerberater, Business-Coaching, Buchhaltungs-Software, Anwaltskosten)
	53	Miete oder Leasingkosten für bewegliche Wirtschaftsgüter (ausgenommen Kraftfahrzeuge) z. B. Maschinen, Anlagen, Büroeinrichtung, EDV
	54	Erhaltungsaufwendungen (ausgenommen Ausgaben für Gebäude und Kfz), z. B. Instandhaltungskosten, Wartung von Anlagevermögen
	55	Beiträge, Gebühren, Abgaben und Versicherungen (ausgenommen Ausgaben für Gebäude und Kfz), z. B. GEZ-Gebühren, Kosten für Gewerbeanmeldung, Beitrag IHK/HKW, Rechtsschutz, Haftpflicht
	56	Laufende EDV-Kosten (z. B. Beratung, Wartung, Reparatur)
	57	Kosten für Arbeitsmittel (Büromaterial, Porto, Fachliteratur)
	58	Kosten für Abfallbeseitigung und Entsorgung
	59	Kosten für Verpackung und Transport
	60	Werbekosten (Ausgaben, die zur Bewerbung des Unternehmens gehören, z. B. Inserate, Flyer, Visitenkarten etc.)

	61	Schuldzinsen (Haben Sie einen Kredit aufgenommen, um Güter Ihres Anlagevermögens zu finanzieren, tragen Sie die Zinsen hier ein)
	62	Schuldzinsen für Kredite, die zu anderen betrieblichen Investitionen genutzt werden
	63	Gezahlte Vorsteuerbeträge (die von Ihnen an andere Unternehmen gezahlte Umsatzsteuerbeträge auf Eingangsrechnungen)
	64	An das Finanzamt gezahlte bzw. verrechnete Umsatzsteuer (im Wirtschaftsjahr an das Finanzamt abgeführte Umsatzsteuer)
	65	Bildung von Rücklagen, Übertrag aus Zeile 124
	66	Sonstige unbeschränkt abziehbare Betriebsausgaben, auch zurückgezahlte Corona-Hilfen
	67	Geschenke an Geschäftspartner (bis 35 € netto)
	68	Bewirtungsaufwendungen aus geschäftlichem Anlass (Belege über 150 € müssen die Namen der bewirteten Personen enthalten), hier auch Bewirtungskosten für Mitarbeiter bei Schulungen oder anderen betrieblichen Veranstaltungen
	69	Verpflegungsmehraufwendungen (bezieht sich auf Zeile 47, doppelte Haushaltsführung)
	70	Aufwendungen für ein häusliches Arbeitszimmer
	71	Sonstige beschränkt abziehbare Betriebsausgaben
3	81	Leasingkosten für betriebliches Kfz
	82	Steuern, Versicherungen, Maut für betriebliches Kfz

	83	Sonstige tatsächliche Fahrtkosten (ausgenommen AfA und Zinsen), z. B. Benzin, Reparatur, Wartung, Kosten für öffentliche Verkehrsmittel
	84	Fahrtkosten für nicht zum Betriebsvermögen gehörende Fahrzeuge
	85	Fahrtkosten für Wege zwischen Wohnung und Betriebsstätte, Familienheimfahrten (*kann durch Sonderfunktion im Programm ermittelt werden)*
	86	Mindestens abziehbare Fahrtkosten für Wege zwischen Wohnung und Betriebsstätte, Familienheimfahrten
	88	= Summe aller Betriebsausgaben
	89-108	Ermittlung des Gewinns
	109	Steuerpflichtiger Gewinn/Verlust
	110	Steuerpflichtiger Gewinn/Verlust Personengesellschaften

Um die Verwaltung und Abschreibung von Anlagegütern aufzulisten, nutzen Sie das im Programm angelegte Anlagenverzeichnis. Dort tragen Sie Ihre Anlagen mit Anschaffungsdatum, Kaufpreis und voraussichtlichem Abschreibungsdatum ein. Eine Hilfestellung bietet die AfA-Tabelle, sortiert nach Branchen:

https://www.bundesfinanzministerium.de/Web/DE/Themen/Steuern/Steuerverwaltungu-Steuerrecht/Betriebspruefung/AfA_Tabellen/afa_tabellen.html

10.7 EINKOMMENSTEUERERKLÄRUNG ÜBER ELSTER

1. Laden Sie die ELSTER-Software herunter oder loggen Sie sich in Ihrem Online-Finanzamt mit Ihren Zugangsdaten ein.
2. Füllen Sie die allgemeinen Angaben zu Ihrer Person im Mantelbogen aus (diese Eingaben werden vom System auch für die nächsten Jahre übernommen, sodass Sie Standard-Informationen nicht immer erneut eingeben müssen, z. B. Steuernummer).
3. Anlage G – Fragebogen für Einkünfte aus gewerblicher Tätigkeit.
4. Anlage EÜR – Gewinnermittlung.
5. Umsatzsteuerjahreserklärung (entfällt bei Kleinunternehmerregelung).
6. Gewerbesteuererklärung (entfällt für Freiberufler).
7. Je nach persönlicher Situation: Anlage KAP – Einkünfte aus Kapitalvermögen – oder Anlage V – Einkünfte aus Vermietung und Verpachtung.

Die Abfrage-Funktion leitet Sie Schritt für Schritt durch das Programm. Allerdings kommen Sie nicht weit, wenn Sie Ihre Belege oder Daten nicht zur Hand haben. Daher sollten Sie vorab alles gut sortiert bereitliegen haben.

10.7.1 Checkliste für die Einkommensteuererklärung

Hier kommt eine Übersicht der Unterlagen, die Sie als Kleinunternehmer für das Ausfüllen Ihrer Steuererklärung benötigen bzw. diese kann Ihnen auch als Vorlage dienen, wenn Sie die Unterlagen und Belege für Ihren Steuerberater zusammenfassen:

1. Mantelbogen

- Persönliche Steueridentifikationsnummer (entnehmen Sie dem Steuerbescheid des Vorjahres oder Ihrem Schriftverkehr mit dem Finanzamt)
- Elektronische Lohnsteuerjahresbescheinigung (falls Sie über Einnahmen aus einer nichtselbstständigen Tätigkeit verfügen, also noch haupt- oder nebenberuflich tätig sind)
- Nachweis über Fehlzeiten im Job (Krankheit oder Elternschaft)

- Nachweis über Leistungen der Bundesagentur für Arbeit, z. B. ALG I
- Nachweis über Leistungen der Krankenkasse z. B. Krankengeld
- Nachweis über Körperbehinderung
- Bankverbindung

2. Sonderausgaben

- Nachweis zu Beitragszahlungen an private Personenversicherungen wie Lebensversicherungen, private Rentenversicherungen, Riester oder Rürup
- Bescheinigung der Krankenkasse über bezahlte Beiträge zur Kranken- und Pflegeversicherung, soweit nicht auf der Lohnsteuerbescheinigung ausgewiesen
- Beiträge zur Unfallversicherung
- Alle privaten Haftpflichtversicherungsbeiträge (z. B. Privathaftpflichtversicherung, Kfz-Haftpflichtversicherung)
- Nachweise über Spenden an gemeinnützige Organisationen und Vereine
- Mitgliedsbeiträge an politische Parteien

3. Außergewöhnliche Belastungen

- Arzt-, Krankenhaus- und Kurkosten
- Zuzahlungen für Zahnersatz, Brillen, Hörgeräte
- Zuzahlungen für ärztlich verordnete Medikamente
- Andere außergewöhnliche Belastungen, wie z. B. Heilkosten (selbst gezahlte Therapieeinheiten, Stärkungsmittel etc.)
- Nachweis über die Pflege eines Angehörigen und über den Bezug von Pflegegeld
- Belege über die Unterstützung von Angehörigen (finanziell) oder über die Zahlung von Unterhaltsleistungen/Renten und Nachweise über deren Einkommen
- Scheidungskosten
- Beerdigungskosten

4. Kinder

- Angaben zur Kinderanzahl
- Bescheinigungen über Kindergeld
- Belege zu Kinderbetreuungskosten

- Belege über den Bezug von Unterhaltsleistungen
- Ausbildungsnachweise bei Kindern über 18 Jahre (z. B. Immatrikulationsbescheinigung)
- Nachweis über auswärtige Unterbringung der volljährigen Kinder (Studenten, Azubis)
- Nachweis über Behinderungen der Kinder
- Krankenversicherungsbeiträge

5. Berufsbedingte Aufwendungen und Werbungskosten

- Fahrten zwischen Wohnung und Arbeitsstätte (Entfernung und Anzahl der Tage, an denen der Arbeitnehmer die Arbeitsstätte aufgesucht hat), Angabe zum benutzten Verkehrsmittel
- Kosten für Arbeitsmittel, Berufskleidung, Werkzeuge, Fachliteratur
- Fortbildungskosten (Gebühren, Seminarkosten, Fahrt- und Übernachtungskosten)
- Bewerbungskosten (Bewerbungsunterlagen, Telefon- und Internetkosten, Kosten für Vorstellungsgespräche wie Fahrt- und Übernachtungskosten)
- Nachweise über Reisekosten aus dienstlichen Gründen, Fahrtkosten, Übernachtungskosten, Nebenkosten, Verpflegung, Erstattungen durch den Arbeitgeber
- Mitgliedsbeiträge zu Berufsverbänden oder Gewerkschaften
- Steuerberatungskosten oder Steuer-Software
- Unfallkosten, die durch den Arbeitsweg oder auf Dienstreisen anfallen, Erstattungen durch die Versicherung
- Kosten für ein häusliches Arbeitszimmer
- Kosten für doppelte Haushaltsführung

6. Einkünfte aus Kapitalvermögen

- Nachweis über Zinserträge und Dividenden
- Bescheinigung über vermögenswirksame Leistungen

7. Mieter und Immobilienbesitzer

- Rechnungen und Verträge über haushaltsnahe Dienstleistungen und

Handwerkerleistungen (z. B. Wartungsarbeiten, Gartenarbeiten, Installationen, gewöhnlich in Ihrer Betriebskostenabrechnung separat aufgeführt)
- Haushaltsnahe Beschäftigungsverhältnisse (Vertrag, Nachweis über sozialversicherungspflichtige Tätigkeit)
- Nachweis über Einkünfte aus Vermietung und Verpachtung
- Belege über Betriebskosten und Kosten der Vermietung (Kaufvertrag, Maklergebühren, Grunderwerbssteuer, Notarkosten etc.)
- Jahresabrechnung der Eigentümergemeinschaft

8. Rentner

- Bescheinigung über Zahlungen der gesetzlichen und privaten Rentenversicherung
- Evtl. weitere Angaben, falls man einer Nebentätigkeit nachgeht

9. Einkünfte aus Gewerbebetrieb

- Angaben über Mitunternehmer
- EÜR (Gewinnermittlung)

Grundsätzlich sind bei der elektronischen Übermittlung erst einmal keine Belege einzureichen. Wichtig ist, dass Sie Ihre Quittungen und Belege für Rückfragen aufbewahren. Wenn das Finanzamt Belege sehen möchte, bekommen Sie darüber eine schriftliche Benachrichtigung. Sinnvoll ist jedoch, einige Belege freiwillig einzureichen, um das Verfahren zu beschleunigen. In der Regel werden die Kosten für außergewöhnliche Belastungen angefragt, daher empfiehlt es sich, die Belege dafür bereits vorab anzubieten. Auch ungewöhnlich hohe Kosten sollten vorab belegt werden, da sich für das Finanzamt garantiert Rückfragen ergeben. Das Finanzamt hat bereits Kenntnis über die elektronische Lohnsteuerbescheinigung, Lohnersatzleistungen, Altersvorsorgebeiträge und Beiträge zur Krankenversicherung. Haben Sie die Möglichkeit, Belege einzuscannen, können Sie Nachweise auch über die „Nachdigal"-Funktion über ELSTER einreichen.

Sollte einmal eine Quittung abhandengekommen sein, gibt es die Möglichkeit, als Ersatz einen Eigenbeleg zu schreiben. Gerade für kleinere Beträge oder nicht mehr leserliche Kassenzettel (z. B. Trinkgelder, Parkgebühren) stehen die Chancen, dass das Finanzamt diese anerkennt, gut. Folgende Angaben müssen auf dem Eigenbeleg stehen: Zahlungsempfänger mit Anschrift, Bezeichnung und Höhe der Ausgaben, Datum der Aufwendung, Begründung für den Eigenbeleg und Datum mit Ihrer Unterschrift. Wenn die Ausgaben mit einem Kontoauszug belegt werden können, reichen Sie den Kontoauszug mit ein.

Als Nachweis dienen Kontoauszüge (die Ausgaben nicht betreffende Passagen können gern geschwärzt werden), Kaufbelege, Kassenzettel, Quittungsdurchschläge, Rechnungen (z. B. von Handwerkern), Verträge, Nebenkostenabrechnungen, Fotos und Grundrisse vom häuslichen Arbeitszimmer. Die Belege sollten nach Datum sortiert werden, kleinere Kassenzettel können auf ein DIN-A4-Blatt geklebt werden. Datum und Beträge können gern mit einem Textmarker hervorgehoben werden, bitte nichts zusammentackern. ELSTER bietet Ihnen Vordrucke für Anschreiben an das Finanzamt. Wenn Sie diese nicht nutzen, beziehen Sie sich beim Einreichen von Belegen in jedem Fall auf Ihren Steuerfall, die notwendigen Angaben finden Sie im Briefkopf der schriftlichen Benachrichtigung.

10.8 PRÜFUNG DURCH DAS FINANZAMT

Um Ihre Steuerlast zu senken, haben Sie das Recht, die legalen Möglichkeiten auszuschöpfen. Dennoch sollte nicht unerwähnt bleiben, dass so manch spitzfindiger Kopf sich das Steuersparen zum Hobby gemacht hat. Wer einmal mit einer privat veranlassten Rechnung durchgekommen ist, versucht es womöglich immer wieder. Grundsätzlich gilt, je transparenter Sie Ihre Einkommensteuererklärung halten, desto weniger Rückfragen ergeben sich. Wenn Sie sich nicht sicher sind, wie welche Belege einzureichen sind, versetzen Sie sich für einen Moment in die Lage des Sachbearbeiters, der Ihre Steuererklärung bearbeitet. Je klarer und übersichtlicher Ihre Nachweise organisiert sind und präsentiert werden, desto schneller können die Beträge geprüft werden. Muss ein Sachbearbeiter erst lange in einer losen Zettelsammlung suchen, die in einen Briefumschlag oder in eine Klarsichthülle gesteckt wurde? Oder versuchen Sie sogar, einen Beleg bewusst zu „verstecken"? Das gibt Anlass für ein genaueres Hinsehen.

Fordert man Nachweise an, empfiehlt es sich, diese nach Art der Ausgaben zu kennzeichnen, z. B. „Außergewöhnliche Belastungen - Unterpunkt Krankheitskosten" oder „Sonstige unbeschränkt abziehbare Betriebskosten - Punkt

Fortbildungskosten“ (EÜR). Achten Sie bei einigen Posten auf die Verhältnismäßigkeit Ihrer Angaben. Wenn z. B. ein handwerkliches Gewerbe mit einem Angestellten pro Monat 30 Rollen Klopapier, 4 Kilo Kaffee und 5 Kilo Kekse als Bewirtungskosten für Kunden angibt, dann wird jeder Prüfer misstrauisch. Grundsätzlich gilt: Jede Betriebsausgabe muss eindeutig dem gewerblichen Zweck dienen und dies muss aus den Belegen hervorgehen.

Einkommensteuererklärungen unterlaufen als Erstes einer Plausibilitätsprüfung durch den Computer. Hat dieser nichts zu beanstanden, erfolgen stichprobenartige Durchsichten. Geprüft wird genau da, wo viele versuchen, zu tricksen: Arbeitszimmer, Fahrten zwischen Betrieb und Haus, betrieblich bedingte Fahrten, Werbungskosten, doppelte Haushaltsführung. Jedes Jahr definieren die Finanzämter der einzelnen Bundesländer wechselnde Schwerpunkte, um die Computerprüfungen zu ergänzen und die Finanzbeamten zu schulen. Diese werden allerdings nicht veröffentlicht[4].

Auch Vorjahreswerte werden verglichen. Haben sich zum Beispiel die Fahrtkosten zwischen Betrieb und Heim im Vergleich zum Vorjahr deutlich erhöht, obwohl es keinen Umzug gab? Warum gibt es für die Nebentätigkeit eines Vollzeit-Angestellten über Jahre immense Ausgaben, so dass es ein Verlustgeschäft ist, und dennoch wird es weiter betrieben? Alle Angaben sollten stimmig sein und falls sie es nicht sind, hilft eine Extra-Erläuterung dazu. Dort, wo bereits Pauschalbeträge akzeptiert werden, wird nicht mehr geprüft.

Unbeliebt machen Sie sich bei Ihrem Sachbearbeiter, wenn Sie mehrfach telefonisch rückfragen, wie lange die Bearbeitung noch dauert, oder dem Amt für Änderungsmitteilungen unnötige Besuche abstatten, die Sie ebenso gut per E-Mail oder in Ihrem persönlichen ELSTER-Zugang vornehmen können.

Auch Ihnen als Kleinunternehmer kann eine Betriebsprüfung durch das Finanzamt drohen, insbesondere, wenn Ihre jährlichen Gewinne stark schwanken, bei vorangegangenen Betriebsprüfungen erhebliche Steuernachzahlungen festgesetzt wurden, Ihre Steuererklärungen und Zahlungen regelmäßig verspätet sind oder Ihre Steuererklärung nicht plausibel ist. Wenn Ihre Buchhaltung in Ordnung ist, brauchen Sie sich darüber in der Regel keine Sorgen zu machen, allerdings

[4] Frankfurter Allgemeine Zeitung, Online-Ausgabe, Dyrk Scherff, kein Datum, „Nicht jede Steuererklärung wird geprüft“

werden 5 % aller Betriebe zufällig für eine Prüfung ausgewählt. Einen Hinweis auf eine mögliche Prüfung kann Ihr Steuerbescheid geben: Finden Sie dort den Eintrag „unter Vorbehalt der Nachprüfung" oder „vorläufig", könnte eine Prüfung ins Haus stehen. Eine Betriebsprüfung wird 14 Tage vorher schriftlich angekündigt. Spätestens jetzt sollten Belege sortiert und auf Vollständigkeit überprüft werden sowie alle Rechnungs- und Kassenbücher.

Wenn Sie folgende Punkte beachten, ist eine Prüfung Ihres Kleingewerbes eher unwahrscheinlich:

- Belege, Rechnungen und Quittungen immer sofort abheften
- Kassenbuch und Eingangs-/Ausgangsrechnungsbuch vorschriftsmäßig führen
- Einkommensteuererklärung immer fristgerecht einreichen
- Anfragen des Finanzamtes immer mit Priorität und gewissenhaft beantworten
- Steuervoraus- bzw. Nachzahlungen pünktlich begleichen

11. Kleingewerbe mit Mitarbeitern

Sind Sie nebenberuflich gewerblich tätig und möchten Mitarbeiter einstellen, hat dies Konsequenzen für Ihren krankenversicherungsrechtlichen Status, denn wenn Sie nur einen Mitarbeiter regelmäßig in Vollzeit beschäftigen, geht man davon aus, dass es sich bei Ihrer gewerblichen Tätigkeit um eine hauptberufliche Selbstständigkeit handelt. Es gibt allerdings Alternativen zur Vollzeitbeschäftigung und gerade, wenn Sie ein kleines Gewerbe haben oder Neugründer sind und noch nicht genau wissen, wie sich Ihr Umsatz gestaltet, stellt eine Vollzeitbeschäftigung ein zusätzliches Risiko dar. Wird dennoch eine Teil- oder Vollzeitkraft gebraucht, eignen sich befristete Verträge. Wenn alles gut läuft, kann man diese bis zu dreimal verlängern, bevor man den Mitarbeiter fest einstellen muss. Wenn Sie sich noch im Unklaren sind, ob Sie die Dienste eines Steuerberaters in Anspruch nehmen wollen oder nicht, ist spätestens bei der Beschäftigung von Mitarbeitern dieser Schritt ratsam, denn der zusätzliche Verwaltungsaufwand stellt eine zeitliche und finanzielle Belastung dar. Es fallen Beiträge für Kranken-, Arbeitslosen- und Rentenversicherung an, die an die richtigen Stellen abgeführt werden müssen, und monatlich muss die Gehaltsabrechnung erstellt werden. Zusätzlich führen Sie Lohnsteuer ab.

Um einen Mitarbeiter zu beschäftigen (unabhängig vom Arbeitszeitmodell), müssen Sie als Erstes eine Betriebsnummer bei der Bundesagentur für Arbeit beantragen. Dies kann online erfolgen -

https://con.arbeitsagentur.de/prod/apok/bno-ui/index.html#/start -

und bildet die Grundlage zur Anmeldung und Zahlung der Sozialversicherungsbeiträge. Änderungen in Ihren Gewerbedaten, wie z. B. der Adresse oder Gewerbeaufgabe, können ebenfalls online mitgeteilt werden.

Meldungen über eine geringfügig beschäftigte Person erfolgen ausschließlich elektronisch an die Minijob-Zentrale (www.minijob-zentrale.de). Wenn Sie über kein entsprechendes Programm zur Entgeltabrechnung verfügen, können Sie den „sv.net"-Service der Krankenkassen nutzen. Mit diesem Programm kann man

Meldungen und Nachweise erstellen und an die Minijobzentrale übermitteln.

11.1 EINGLIEDERUNGSZUSCHUSS

Die Bundesagentur für Arbeit unterstützt die berufliche Eingliederung von Personen, deren Vermittlung in den Arbeitsmarkt erschwert ist, z. B. aufgrund von gesundheitlichen Einschränkungen, fortgeschrittenem Alter oder mangelnder Berufserfahrung. In diesem Sinne können Sie als Arbeitgeber einen Eingliederungszuschuss beantragen, wenn Sie eine arbeitslose Person neu einstellen. Der Zuschuss kann bis zu 50 % des Arbeitsentgelts betragen, der Anteil am Gesamtsozialversicherungsbeitrag wird dabei pauschalisiert berücksichtigt.

Die Förderungsdauer kann bis zu 12 Monate betragen. Entscheiden Sie sich für eine/n Mitarbeiter/in über 50, kann die Förderung von 50 % des Arbeitsentgelts sogar bis auf 36 Monate verlängert werden. Entscheiden Sie sich bei der Einstellung für einen behinderten oder schwerbehinderten Menschen, kann die Förderhöhe bis zu 70 % für eine Dauer von 24 Monaten betragen. Nach 12 Monaten mindert sich die Förderhöhe um 10 %. In besonderen Fällen einer Schwerbehinderung kann die Dauer der Förderung sogar bis zu 60 Monate betragen und ab dem 55. Lebensjahr bis zu 96 Monate andauern. Dieser Personenkreis ist aufgrund der Schwere und Art der Behinderung sehr schwer in den Arbeitsmarkt zu vermitteln. Im letzteren Fall mindert sich der Eingliederungszuschuss nach 24 Monaten um 10 % jährlich.

Bei den Eingliederungszuschüssen handelt es sich um eine Ermessungsleistung seitens der Agenturen für Arbeit oder der Jobcenter. Der Antrag auf Förderung muss vor Abschluss eines Arbeitsvertrages gestellt werden. Den Zuschuss erhalten Sie nicht, wenn Sie dafür einen Mitarbeiter entlassen, um eine geförderte Person einzustellen, und wenn die Person in den letzten vier Jahren mehr als drei Monate versicherungspflichtig bei Ihnen beschäftigt war. Man erwartet natürlich, dass der Mitarbeiter auch über die Förderungsdauer hinaus beschäftigt wird.

Diese Zeit nach der Förderung sollte mindestens 12 Monate betragen. Wird das Beschäftigungsverhältnis während der Förderungsdauer und den 12 Monaten danach ohne wichtigen Grund von Ihnen als Arbeitgeber beendet, ist der Zuschuss teilweise zurückzuzahlen. Wichtige Gründe können im Verhalten oder in der Person des Mitarbeiters liegen sowie betriebsbedingt auftreten, z. B. wenn der Umsatz des Unternehmens schwächelt, genauso kann der Mitarbeiter selbst das

Arbeitsverhältnis beenden wollen, weil er die Regelaltersgrenze erreicht. In diesen Fällen entfällt die Rückzahlungspflicht. Der Antrag auf Eingliederungszuschuss kann online gestellt werden, für weitere Informationen steht der Arbeitgeber-Service der Bundesagentur für Arbeit schriftlich oder telefonisch zur Verfügung: https://www.arbeitsagentur.de/unternehmen/arbeitskraefte/passende-arbeitskraft.

11.2 STUDENTISCHE AUSHILFEN/MINIJOBBER

Studentische Aushilfen oder Arbeitnehmer können auf 450 €-Basis beschäftigt werden. Für Sie als Arbeitgeber fallen Pauschalbeträge an, rund 13 % für die Krankenversicherung, 15 % für die Rentenversicherung und 2 % Lohnsteuer. Der Mitarbeiter muss bei der Minijob-Zentrale gemeldet werden. Auch kurzfristige und zeitlich begrenzte Minijobs müssen dort angemeldet werden, z. B. studentische Aushilfen, die nur in den Semesterferien arbeiten. Die Abgaben an die Minijob-Zentrale sind immer spätestens am drittletzten Bankarbeitstag zu zahlen, unerheblich davon, ob Sie den Minijobber wöchentlich, monatlich oder vierteljährlich ausbezahlen. Lastschrift oder Bankeinzug sind möglich. Bei Abgaben bis 7 € (Umlagen für kurzfristig beschäftigte Minijobber) kann man auch viertel-, halb- oder jährlich zahlen. Es genügt, wenn Sie dem Minijobber einen schriftlichen Nachweis über die wesentlichsten Arbeitsbedingungen aushändigen anstelle eines umfassenden Arbeitsvertrages. Folgende Angaben sollte der Vertrag für einen Minijobber mindestens enthalten:

- Name und Anschrift der Vertragsparteien
- Beginn des Arbeitsverhältnisses
- Bei befristeten Tätigkeiten die voraussichtliche Dauer des Arbeitsverhältnisses
- Arbeitsort
- Art der Tätigkeit
- Verdienstentgelt, wie es sich zusammensetzt, Zuschläge, Prämien und Sonderzahlungen
- Fälligkeit der Gehaltszahlung
- Arbeitszeiten
- Wie viele Tage Erholungsurlaub gewährt werden
- Kündigungsfristen
- Ggf. Hinweis auf geltende Tarifverträge und Betriebsvereinbarungen

Bei der Beschäftigung von Minijobbern können flexible Arbeitszeitenmodelle angewendet werden. So kann ein festes monatliches Arbeitsentgelt vereinbart werden unter Beachtung der jährlichen Verdienstgrenze von 5.400 €. Der Minijobber muss dafür eine vereinbarte Gesamtstundenanzahl leisten, die flexibel auf die einzelnen Monate aufgeteilt werden kann. Bis zu drei Monate können Sie ihn sogar ganz von der Arbeit freistellen. Macht er Überstunden, müssen diese separat auf einem Arbeitszeitkonto notiert und innerhalb von 12 Monaten abgebaut werden. Ob dies durch Freizeitausgleich oder Vergütung passiert, bleibt Ihnen überlassen.

Für einen geringfügig Beschäftigten gelten dieselben arbeitsrechtlichen Gesetze und Pflichten wie für einen vollzeitbeschäftigten Arbeitnehmer, diese sind im Einzelnen:

1. Urlaubsanspruch: Der Anspruch errechnet sich aus den Arbeitstagen pro Woche (dabei sind die Werktage relevant und nicht, wie viele Stunden geleistet werden) x 24 : 6 (übliche Arbeitstage pro Woche). Ein Minijobber arbeitet fünf Tage in der Woche je zwei Stunden, sein Urlaubsanspruch (5 x 24 : 6) beläuft sich auf 20 Tage im Jahr.

2. Kündigungsfristen: Die gesetzliche Kündigungsfrist beträgt vier Wochen jeweils zur Mitte des Monats oder zum Monatsende. Je länger ein Mitarbeiter für dasselbe Unternehmen tätig ist, desto länger werden die Kündigungsfristen. Mit einer befristeten Aushilfe kann in den ersten drei Monaten eine kürzere Kündigungsfrist vereinbart werden. Ist eine Probezeit festgelegt, kann das Arbeitsverhältnis mit einer Frist von zwei Wochen von beiden Seiten aufgelöst werden. Ohne eine Frist kann das Arbeitsverhältnis aufgelöst werden, wenn wichtige Gründe dafürsprechen; laut Gesetz formuliert man es so, dass beiden Parteien eine Fortführung des Arbeitsverhältnisses unter Berücksichtigung einer gesetzlichen Frist nicht zugemutet werden kann. Eine Kündigung hat in schriftlicher Form zu erfolgen.

3. Arbeitszeugnis: Geringfügig Beschäftigte haben Anspruch auf ein Arbeitszeugnis. Ein einfaches Arbeitszeugnis können Sie erstellen, indem Sie den Namen und die Anschrift des Mitarbeiters sowie die Art und Dauer seiner Tätigkeit in einer Bescheinigung festhalten. Ein qualifiziertes Arbeitszeugnis hingegen sollte zusätzlich eine Beurteilung der Arbeitsleistung enthalten, wie z. B. Fähigkeiten, eingebrachte Kenntnisse, Motivation, Belastbarkeit und Sozialverhalten. Inhaltlich und optisch muss dieses Schriftstück einwandfrei sein, wohlwollend und wahrheitsgemäß formuliert, ohne Rechtschreibfehler, von Ihnen als Arbeitgeber unterschrieben.

4. Entgeltfortzahlung im Krankheitsfall (auch Krankheit des Kindes, Elternschaft): Nach vier Wochen einer Beschäftigung hat Ihr Mitarbeiter Anspruch auf Lohnfortzahlung. Sie müssen ihm bis zu sechs Wochen seinen regelmäßigen Verdienst weiterzahlen, natürlich haben Sie das Recht auf einen entsprechenden Nachweis der Arbeitsunfähigkeit.

11.2.1 Kurzfristige Aushilfen/Minijobber

Von kurzfristigen Minijobs und Aushilfen spricht man, wenn der Mitarbeiter in einem Jahr nicht mehr als drei Monate oder 70 Arbeitstage bei Ihnen beschäftigt ist. (Bis 31. Oktober 2021 gelten durch die Corona-Pandemie versetzte Grenzwerte: vier Monate oder 102 Arbeitstage). Diese Art der Beschäftigung eignet sich für den schnellen und zeitlich limitierten Einsatz zwei helfender Hände, z. B. bei überraschend auftretenden Aufträgen, für den Ausfall Ihres gewerblichen Partners durch Krankheit oder zur Überbrückung von Zeiten einer hauptberuflichen Belastung, in denen wenig Zeit für die gewerbliche Nebentätigkeit bleibt.

Über eine Rahmenvereinbarung kann man den Arbeitseinsatz, der innerhalb von 70 Arbeitstagen erbracht wird, auf längstens 12 Monate festlegen. Nach einer Pause von zwei Monaten kann erneut eine Rahmenvereinbarung aufgestellt werden. Stellen Sie im laufenden Geschäftsjahr eine Rahmenvereinbarung auf, müssen die Zeiten, in denen die Aushilfe schon bei Ihnen beschäftigt war, mitberücksichtigt werden. Unter besonderen Voraussetzungen kann solch eine Rahmenvereinbarung auch über mehrere Jahre andauern, insbesondere, wenn sich die Einsätze Ihres Minijobbers wiederholen. Dies stellt eine absolute Ausnahme dar, denn folgende Voraussetzungen müssen erfüllt sein:

- Sie haben für die Beschäftigung keine Rufbereitschaft vereinbart
- Die Arbeitseinsätze sind unvorhergesehen, nicht geplant und geschehen aus unterschiedlichen Anlässen
- Es ist kein Rhythmus dahinter zu erkennen
- Max. 70. Arbeitstage im Kalenderjahr
- Ihr Gewerbe bzw. Ihr Betrieb orientiert sich grundsätzlich nicht an dem Einsatz kurzfristiger Mitarbeiter

Als gewerblicher Arbeitgeber eines kurzfristigen Minijobbers haben Sie nur eine Umlagenpauschale zu zahlen, als Ausgleich der Aufwendungen im Krankheitsfall und im Falle einer Insolvenz. Diese Umlage geht an die Arbeitgeberversicherung der Knappschaft Bahn-See und setzt sich aus 1 % für die Krankheitsaufwendungen und 0,39 % (des Arbeitsentgelts) für die Mutterschaftsaufwendungen zusammen. Die Knappschaft erstattet Ihnen anfallende Aufwendungen für Entgeltfortzahlungen, wenn Ihr Minijobber krank wird oder in den Mutterschutz geht.

11.3 BESCHÄFTIGUNG IM ÜBERGANGSBEREICH

Zwischen einem Minijob auf 450 €-Basis und einem Teilzeit- bzw. Vollzeitjob liegt der Midijob irgendwo zwischen 450 € und 1.300 € Verdienstgrenze. Es handelt sich um ein sozialversicherungspflichtiges Arbeitsverhältnis, das nicht mehr über die vereinfachte Meldung bei der Minijobzentrale läuft, sondern regulär über die Anmeldung bei allen Sozialversicherungsträgern. Es fallen Beiträge zur Kranken-, Arbeitslosen-, Pflege- und Rentenversicherung an sowie Lohnsteuer. Wie hoch genau die Abgaben für Sie als Arbeitgeber sind, können Sie hier errechnen:

https://www.deutsche-rentenversicherung.de/SharedDocs/Online-Tools/DE/Rechner/Uebergangsbereichsrechner_download.html

11.4 ZEITARBEIT

Für Kleingewerbe eignet sich die Einstellung eines Mitarbeiters über eine Zeitarbeitsfirma eher weniger, da die Kosten zu hoch sind. Allerdings kann es für kurzfristige und zeitlich begrenzte Einsätze durchaus eine Alternative sein, die insbesondere keinen großen Aufwand darstellt, denn Gehaltsabrechnung, Krankmeldung und Vertretung laufen automatisch über die Personalfirma. Zusätzlicher Vorteil: Zeitarbeitsfirmen vermitteln Fachpersonal mit besonderen Kenntnissen, die Sie sonst eher schwieriger „mal auf die Schnelle" auf dem Arbeitsmarkt finden.

11.5 EINSTELLEN VON MITARBEITERN ÜBER 450 €/TEILZEIT/VOLLZEIT

Sie haben als Arbeitgeber die Pflicht, die Sozialversicherungsabgaben und die Lohnsteuer fristgerecht an die zuständigen Ämter abzuführen. Strafzahlungen und strafrechtliche Konsequenzen sind die Folgen von Zuwiderhandlungen, im schlimmsten Falle kann man Ihnen die Gewerbetätigkeit untersagen. Um die Lohnsteuer eines Mitarbeiters an das Finanzamt abzuführen, benutzt man entsprechende EDV-Programme zur Lohnbuchhaltung, die Ihnen auch die Gehaltsabrechnung erstellen, oder Sie nutzen für die Abgabe der Lohnsteuerbescheinigung die Funktion in „Mein ELSTER" (Zugang Ihres Online-Finanzamtes).

Alternativ kann diese Aufgaben ein Steuerberater erledigen. Wenn Sie ein entsprechendes Programm erwerben, sollten Sie darauf achten, dass es ELSTER unterstützt, dabei handelt es sich um die sogenannte ELStAM-Authentifizierung. Die individuellen Lohnsteuerabzugsmerkmale Ihres Mitarbeiters werden von diesen Programmen abgerufen und Sie können die Lohnsteuerbescheinigung elektronisch an das Finanzamt übermitteln. Die Steuermerkmale Ihres Mitarbeiters werden mit dem Geburtsdatum und der Steuer-Identifikationsnummer ermittelt. Nach der Übermittlung der Lohnsteuer-Anmeldung steht Ihnen das Verarbeitungsprotokoll zum Abruf bereit, das Sie ausgedruckt als Nachweis für Ihre Übermittlung in Ihre Unterlagen aufnehmen. Alle Pflichtabgaben sind spätestens bis zum drittletzten Banktag eines Monats an die Sozialversicherungsträger zu zahlen.

Folgende Unterlagen und Nachweise benötigen Sie von Ihrem Mitarbeiter bzw. müssen Sie an Ihren Steuerberater weiterleiten:

- Geburtsdatum und Steuer-Identifikationsnummer
- Ggf. elektronische ELStAM-Merkmale (auf Lohnsteuerbescheinigung enthalten)
- Sozialversicherungsausweis bzw. Rentenversicherungsnummer
- Aktuelle Mitgliedsbescheinigung der Krankenkasse
- Bei ausländischen Mitarbeitern ggf. Aufenthalts- bzw. Arbeitserlaubnis
- Ggf. branchenspezifische Nachweise (z. B. Gesundheitszeugnis, Hygiene-Schulung, Führerschein)

11.6 WIE FINDE ICH EINE AUSHILFE ODER EINEN MITARBEITER?

Je nachdem, ob Sie eine kurzfristige Aushilfe suchen oder einen langfristigen Mitarbeiter, variieren die Möglichkeiten sehr stark, auch abhängig von Ihren individuellen Anforderungen. Auf diversen Internetportalen können Sie kostenfrei eine Suchanzeige schalten oder in den lokalen Medien veröffentlichen. Für eine kurzfristige Aushilfe reicht oft der Aushang am schwarzen Brett im Supermarkt oder in der Universität oder die Veröffentlichung in einer studentischen Jobbörse.

Fragen Sie im Freundes- und Bekanntenkreis nach. Eine bekannte Person bringt Ihnen als Neugründer vielleicht mehr Verständnis entgegen als eine völlig fremde Person. Die Bundesagentur für Arbeit kann Ihnen mit dem Arbeitgeber-Service bei der Suche behilflich sein und Ihre Stellenanzeige veröffentlichen und das Jobcenter vermittelt kurzfristige Aushilfen. Sind Ihre Bedürfnisse spezieller gelagert, eignen sich Suchanzeigen in Fachzeitschriften oder Mitgliedermagazinen. Lokale Kleinanzeigen in der Tageszeitung richten sich auch an Personen, die nicht jeden Tag im Internet surfen und vielleicht älteren Semesters sind, aber einen langfristigen Minijob suchen und dabei sehr zuverlässig sind. Informieren Sie sich über branchenübliche Gehälter und vereinbaren Sie immer einen Probetag oder ein paar Probestunden, bei denen Sie herausfinden können, ob Sie und Ihr Mitarbeiter zueinander passen.

Folgende Fragen sollten Sie sich bei der Auswahl einer geeigneten Person stellen, wenn eine langfristige Zusammenarbeit angedacht ist:

- Erfüllt der/die Bewerber/in Ihre fachlichen Voraussetzungen?
- Hat der/die Bewerber/in bereits einschlägige Erfahrungen in der Branche?
- Zeigt der Lebenslauf eindeutig auf, dass ihm/ihr zuzutrauen ist, sich auch ohne Erfahrung gut einzuarbeiten und sich Kennnisse und Fähigkeiten anzueignen?
- Lesen Sie Arbeitszeugnisse genau, hier könnten sich Kritik an Sozialkompetenz und Fachwissen in harmlosen Formulierungen verbergen!
- Passt der/die Bewerber/in zu Ihrer Idee, Ihrem Gewerbe, könnte er/sie Ihre Vision teilen?
- Können Sie sich vorstellen, jeden Tag mit der Person zusammenzuarbeiten?
- Bringt der Bewerber etwas mit, das Ihre Geschäftsidee nach vorn treiben könnte?

- Vertrauen Sie Ihrem Bauchgefühl: Passen Sie zueinander?
- Ist er/sie bereit, für ein Kleinunternehmen zu arbeiten, und akzeptiert das Gehalt?
- Wie kreativ ist der/die Bewerber/in und kann er/sie flexibel auf Arbeitsbedingungen reagieren?

Sie als kleines Gewerbe haben Ihre eigenen Vorstellungen und Visionen, die Sie mit Ihrer unternehmerischen Tätigkeit umsetzen wollen. Es gibt vielleicht (noch) keine standardisierten Arbeitsabläufe und -konzepte, keine festen Arbeitszeiten, -pausen und nur ein provisorisch eingerichtetes Büro in einem ausrangierten Baucontainer. Möglicherweise ergibt sich ein viel breiteres Aufgabenspektrum für einen Mitarbeiter, als es in klassisch definierten Berufen der Fall ist. Überlegen Sie sich ganz genau, welche Aufgaben übernommen werden sollen, ob Sie kreative Einmischungen erlauben oder ob Sie eine klare und eindeutige Tätigkeitsbeschreibung bevorzugen.

Sie können vielleicht nicht überdurchschnittlich gut zahlen, daher sollten Sie die Vorteile gut herausstellen: mehr Freiheiten, ein gutes Arbeitsklima, individuelle und kreative Entfaltungsmöglichkeiten, vielleicht Vergünstigungen beim Erwerb Ihrer Produkte oder andere Leistungen. Kommt der potenzielle Mitarbeiter aus einem sehr strukturierten und professionellen Umfeld wie einem großen, etablierten Konzern, ist ihm vielleicht nicht ganz klar, welche Umstellungen auf ihn zukommen, wenn er für ein Kleingewerbe tätig wird. All diese Punkte sollten Sie in einem oder zwei persönlichen Gesprächen besprechen. Da Sie als Arbeitgeber vielleicht nicht immer vor Ort sind und alles kontrollieren können, wie selbstständig muss Ihr Mitarbeiter sein und wie vertrauenswürdig? Machen Sie sich bewusst, dass der Umsatz Ihres Gewerbes unter Umständen maßgeblich von der Persönlichkeit eines Angestellten beeinflusst werden könnte. Daher sollten Sie sich für eine Personalauswahl gut vorbereiten, denn Sie möchten sich ja tatkräftige Unterstützung ins Haus holen und nicht zusätzliche Arbeit.

11.7 CHEF SEIN IST NICHT IMMER EINFACH

Mit dem ersten Mitarbeiter sind Sie als Gründer/in mit einer vielleicht für Sie neuen Situation konfrontiert, unabhängig davon, ob es sich um eine Aushilfe, einen Minijobber oder eine Teilzeitkraft handelt: Plötzlich sind Sie Vorgesetzte/r. Damit Sie sich zum unternehmerischen Risiko nicht noch Stress mit Ihrem Mitarbeiter einhandeln und sich dadurch vielleicht schnell überfordert fühlen, empfiehlt es sich, folgende Punkte zu beachten:

1. Definieren Sie den Arbeitsbereich sehr genau, für den Sie sich Unterstützung durch Ihren Mitarbeiter wünschen. Kommunizieren Sie diesen genauso an Ihren Mitarbeiter oder halten Sie eine ausgefertigte Tätigkeitsbeschreibung bereit.

2. Zeigen Sie Ihrem Mitarbeiter die Grenzen seiner Entscheidungskompetenz auf. Er/Sie weiß dann genau, wann er Rückfragen stellen muss und inwieweit er selbst Entscheidungen treffen kann.

3. Kommunizieren Sie Ihre Vision oder Geschäftsidee und den Umstand, wo Sie Ihr Unternehmen in der Zukunft sehen. Teilen Sie die Gründe und Absichten Ihrer Entscheidungen mit. Wenn Ihr Mitarbeiter genau weiß, welche Ziele Sie verfolgen, handelt er in Ihrem Sinne.

4. Zeigen Sie Geduld und Präzision in der Einarbeitungsphase. Je mehr Zeit Sie sich für die Einarbeitung nehmen, desto selbstständiger wird Ihr Mitarbeiter später seine Aufgaben erledigen.

5. Zeigen Sie Vertrauen. Wenn Sie sich nicht hauptberuflich um Ihr Gewerbe kümmern oder nicht immer täglich vor Ort sind, ist es unerlässlich, dass Sie eine Vertrauensperson beschäftigen, der Sie stunden- oder tageweise die „Schlüsselgewalt“ über Ihr Büro, Ihre Werkstatt oder Ihr Lager anvertrauen und damit auch Zugang zu Ihren Büchern oder Ihrer EDV gewähren. Wenn Sie bereits nach kurzer Zeit feststellen, dass die Person zuverlässig ist, fällt es Ihnen leichter, zu delegieren und Dinge aus der Hand zu geben, mit denen Sie sich nicht zusätzlich belasten müssen. Fällt Ihnen das anfänglich schwer, vereinbaren Sie z. B. einen täglichen kurzen Tagesbericht in Form einer E-Mail oder eines persönlichen Telefonates. Dies soll nicht bedeuten, dass Sie alles auf eine Aushilfskraft abwälzen, weil Sie selbst überfordert sind.

6. Lösen Sie Konflikte, bevor sie entstehen. Entwickeln Sie ein Gespür dafür, ob sich Ihr Mitarbeiter wohl fühlt und ob die Arbeitsabläufe glatt und ohne Schwierigkeiten ablaufen. Je eher Sie eingreifen und für beide Seiten Klärungsmöglichkeiten schaffen, desto besser. Aktives Zuhören und Verständnis sind trotz Zeitdrucks und eines vorangegangenen, langen Arbeitstages nicht immer einfach. Dennoch schaffen Sie klare Linien, indem Sie verinnerlichen, dass Sie sich selbst als Arbeitgeber präsentieren.

7. Um den Weg Ihres Unternehmens erfolgreich zu gestalten, fragen Sie in regelmäßigen Abständen nach, was es braucht, um Arbeitsabläufe oder Tätigkeiten besser, schneller, kostengünstiger oder einfacher zu gestalten.

So erhalten Sie wertvolle Hinweise aus Sicht Ihres Angestellten und Ihr Angestellter fühlt sich wertgeschätzt und kann seine Sorgen und Nöte bei Ihnen loswerden.

8. Konstruktive Kritik üben und lösungsorientiert handeln. Sie denken vielleicht, dass dies für ein Kleingewerbe nicht passend wäre, aber eben, weil Sie nur aus zwei bzw. wenigen Personen bestehen, ist diese Form des Miteinanders umso wichtiger. Wenn Sie Kritik üben, tun Sie es in einer Form, mit der Ihr Mitarbeiter umgehen kann. Sagen Sie, was Ihnen sehr gut gefällt und was noch verbesserungswürdig ist. Motivieren Sie ihn. Sehen Sie keine Annahme Ihrer Kritik, werden Sie deutlich und machen Sie klare Vorgaben zu dem, was Sie sehen möchten. Wenn Sie wütend wegen eines Fehlers sind, den Ihre Arbeitskraft begangen hat, hilft es nicht, wenn Sie die nächsten zwei Wochen beleidigt einen Bogen um sie machen und nicht mit ihr sprechen.

9. Es ist Ihr Unternehmen und Sie sind der Kapitän an Bord. Eine freundschaftliche Beziehung zu Ihrer Arbeitskraft ist sehr positiv, dennoch sollten Sie aus Mangel an Durchsetzungsvermögen den gewerblichen Erfolg nicht gefährden. Klare Ansagen und Erwartungen zu formulieren, schließt ein gemeinsames Mittagessen nicht aus. Genau hier liegt der besondere Schwierigkeitsgrad, falls man täglich zusammenarbeitet und seinen Mitarbeiter in alle Vorgänge miteinbezieht.

10. Seien Sie ehrlich und halten Sie Versprechungen und Ankündigungen. Sind Sie sich nicht sicher, wie die Auftragslage in sechs Monaten aussieht und wie sich Ihr Gewerbe entwickelt, sollten Sie Ihren Mitarbeiter informieren, damit er/sie nicht von der schlechten Nachricht überrascht wird, wenn Sie ihn freistellen.

11. Wenn Sie zufrieden mit der Arbeit sind, dann teilen Sie das auch mit! Dasselbe gilt auch, wenn Sie unzufrieden sind!

12. Teilen Sie Ihrem Mitarbeiter zeitnah mit, wenn Ihnen etwas missfällt oder Sie es sich anders wünschen.

13. Im Falle einer sich ungünstig entwickelnden Situation, in der Sie persönliche Kommunikation nicht weiterbringt, nutzen Sie arbeitsrechtliche Schritte, wie z. B. eine schriftliche Abmahnung. Ist es noch nicht so weit, lassen Sie Ihre Arbeitskraft eine Vereinbarung unterschreiben, im Rahmen derer sie bei Nichteinhalten eine Abmahnung erhält.

12. Kleingewerbe mit Auslandsgeschäften

Innerhalb Deutschlands haben Unternehmer, die die Kleinunternehmerregelung in Anspruch nehmen, keine Umsatzsteuer-Identifikationsnummer. Alle anderen müssen ihre Umsatzsteuer-ID auf Rechnungen und geschäftlichen Unterlagen ausweisen. Im Zeitalter der Globalisierung und des Internethandels ist eine gewerbliche Tätigkeit, die sich ins EU-Ausland ausweitet, keine Seltenheit mehr. Für bestimmte Bereiche ist auch die Umsatzsteuer-ID für Kleinunternehmen erforderlich.

Die Europäische Union hat derzeit folgende Mitgliedsstaaten (Stand Juni 2021): Belgien, Deutschland, Frankreich, Italien, Luxemburg, Niederlande, Dänemark, Irland, Vereinigtes Königreich (England, Wales, Nordirland und Schottland), Griechenland, Spanien, Portugal, Finnland, Österreich, Schweden, Estland, Lettland, Litauen, Malta, Polen, Slowakei, Slowenien, Tschechien, Ungarn, Zypern, Rumänien und Bulgarien.

Zunächst müssen wir unterscheiden, welche Art der Tätigkeit das Kleingewerbe im EU-Ausland erbringt und welche Kundengruppe davon betroffen ist:

1. Verkauf von Waren an andere Unternehmen: B2B-Verkauf
2. Verkauf von Waren an Privatpersonen: B2C-Verkauf
3. Einkauf von Waren von anderen Unternehmen: B2B-Einkauf
4. Dienstleistungen für andere Unternehmen erbringen: B2B-Leistung
5. Dienstleistungen gegenüber Privatpersonen erbringen: B2C-Leistung
6. Dienstleistungen anderer Unternehmen in Anspruch nehmen: B2B-Leistungsbezug

Zu 1.) Verkauf von Waren ins EU-Ausland: Auf Kleinunternehmer-Rechnungen kann wie in Deutschland auf die Ausweisung der Umsatzsteuer verzichtet werden, ebenso ist die Angabe einer Umsatzsteuer-ID nicht erforderlich.

Zu 2.) Bei dem Verkauf an Privatpersonen ist eine Umsatzsteuer-ID nicht erforderlich und auf Rechnungen muss keine Umsatzsteuer ausgewiesen sein. Allerdings muss der Hinweis auf die Umsatzsteuerbefreiung nach § 19 UStG gegeben werden.

Zu 3.) Bei Einkäufen aus dem EU-Ausland wird der Kleinunternehmer wie eine Privatperson behandelt. Rechnungen des Lieferanten enthalten die im Herkunftsland übliche Mehrwertsteuer. Es gibt daher keine Veranlassung, dem Lieferanten eine Umsatzsteuer-ID mitzuteilen.

Wird die Umsatzsteuer von einem Kleinunternehmer freiwillig mitgeteilt, fällt Erwerbssteuer für den Einkauf an und der Lieferant stellt eine Rechnung ohne Mehrwertsteuer. Der Kleinunternehmer muss die Mehrwertsteuer auf den Netto-Rechnungsbetrag aufschlagen, auf der Umsatzsteuervoranmeldung erwähnen und als Erwerbssteuer ans Finanzamt abführen. Wird die Kleinunternehmerregelung in Anspruch genommen, kommt der Unternehmer selbst für die Steuer auf, da er nicht abzugsberechtigt ist. Daher empfiehlt es sich in jedem Falle, Ware mit Mehrwertsteuer einzukaufen wie eine Privatperson. Die Bruttobeträge können als Betriebsausgaben geltend gemacht werden.

Zu 4.) Werden Dienstleistungen für ein Unternehmen in der EU erbracht, ist die Ausweisung der Umsatzsteuer-ID Pflicht, denn es wird das Reverse-Charge-Verfahren § 13b UStG angewendet, das den Kunden dazu verpflichtet, die Umsatzsteuer zu tragen. Der Unternehmer, der die Dienstleistung erbringt, muss diese nicht abführen. Dieses Verfahren dient zur Vereinfachung von geschäftlichen Transaktionen und zur Vorbeugung von Betrugsfällen. Neben den Pflichtangaben auf einer gestellten Rechnung für eine erbrachte Dienstleistung müssen auch die Umsatzsteuer-ID des Kunden aufgeführt werden und ein Hinweis, dass das Reverse-Charge-Verfahren Anwendung findet.

Zu 5.) Dienstleistungen, die an Privatpersonen gerichtet sind, müssen keine Mehrwertsteuer auf der Rechnung enthalten und daher entfällt die Angabe einer Umsatzsteuer-ID, allerdings muss hier auch der Hinweis auf die Kleinunternehmerregelung nach § 19 UStG gegeben werden.

Zu 6.) Werden ausländische Dienstleistungen beansprucht, muss eine Umsatzsteuer-ID genannt werden, denn in diesem Falle greift auch das Reverse-Charge-Verfahren.

Alle umsatzsteuerpflichtigen Unternehmen, die innerhalb der EU an geschäftlichen Transaktionen teilnehmen, in denen das Reverse-Charge-Verfahren Anwendung findet, müssen regelmäßig eine zusammenfassende Meldung, die ZM, über das ELSTER-Online-Portal der Finanzverwaltung abgeben. Gleichfalls ist eine Umsatzsteuervoranmeldung zu erstellen. Unternehmer nach Kleinunternehmerregelung § 19 UStG brauchen diese Nummer nicht zwingend, können sie aber beantragen, falls Dienstleistungen über inländische Grenzen hinaus erbracht werden. Wird diese Nummer benutzt, unterliegen Sie automatisch zwei Kalenderjahre lang der Erwerbsteuerpflicht! Die Umsatzsteuer-Identifikationsnummer wird gebührenfrei bei der Bundeszentrale für Steuern beantragt und für Neugründer dauert die Wartezeit vier bis acht Wochen. Wissen Sie bereits bei der Gründung, dass Sie Geschäfte im Ausland tätigen werden, können Sie die Umsatzsteuer-ID auch auf dem Fragebogen zur steuerlichen Erfassung beantragen. Für Geschäfte mit Ländern außerhalb der EU, insbesondere Drittländern, spielt die Umsatzsteuer-ID keine Rolle, Wareneinkäufe und Dienstleistungen können als Privatperson getätigt bzw. in Anspruch genommen werden.

Geschäfte mit Drittstaaten: Bei der Ausfuhr bzw. dem Verkauf von Waren an ein Unternehmen außerhalb der EU fällt üblicherweise keine Umsatzsteuer an. Bei der Wareneinfuhr bzw. dem Import/Einkauf aus Drittstaaten wird Einfuhrumsatzsteuer erhoben, je nach Warenart also 19 % oder 7 % plus Zollabgaben. Beides wird an das Zollamt gezahlt. Umsatzsteuerpflichtige Unternehmer können die Einfuhrumsatzsteuer als Vorsteuer geltend machen, Unternehmer nach der Kleinunternehmerregelung § 19 UStG nicht. Bei grenzüberschreitenden Dienstleistungen für ein Unternehmen im Nicht-EU-Land gibt es keine einheitlichen Regeln, manchmal wird das Reverse-Charge-Verfahren angewendet, manchmal gibt es überhaupt keine Umsatzsteuer, da in diesem Land nicht existent, oder ein Steuerrecht fehlt ganz, wie z. B. in den Vereinigten Arabischen Emiraten. Um herauszufinden, welche Handelsregeln einzuhalten und zu beachten sind, hilft ein Blick ins Gesetz dieser Länder, ins Bilaterale Abkommen mit Deutschland, oder einfacher, Sie holen sich Informationen hier:

- Im- und Exportabteilung der IHK
- Gesellschaft für Außenwirtschaft und Standortmarketing (ehemalige Bundesstelle für Außenhandelsinformation BfAI) www.gtai.de
- Generalzolldirektion www.zoll.de

Einkauf oder Verkauf von Waren über eBay, Apple, Google, Amazon etc.: Diese multinationalen Konzerne sind aus dem alltäglichen Geschäftsleben nicht mehr wegzudenken und daher ist es auch keine Seltenheit, dass Kleinunternehmer über diese Plattformen Dienstleistungen beziehen oder Waren ein- oder verkaufen. Diese unterscheiden bei der Registrierung bereits zwischen Privat- und Geschäftskunden, wobei die letzteren dabei ihre Umsatzsteuer-ID hinterlegen müssen. Genau das kann für Kleinunternehmer schwierig werden, da diese durch die freiwillige Angabe ihr Einverständnis zur Erwerbsbesteuerung geben.

Haben Sie als Kleinunternehmer Ihre Umsatzsteuer-ID bei eBay hinterlegt, enthalten die Angebotsgebühren und Provisionen keine Umsatzsteuer. Dafür ist das Reverse-Charge-Verfahren gültig, das die Pflicht auf Sie verlagert, dass Sie als Empfänger einer Leistung die 19 % Umsatzsteuer einer eBay-Angebotsgebühr an das Finanzamt abzuführen haben. In der Praxis sähe dies so aus, dass Sie bei einem Verkauf über eBay diesen Kleckerbetrag an das Finanzamt überweisen und eine Umsatzsteuervoranmeldung einreichen müssten, als Vorsteuer dürfen Sie ihn - wie Sie jetzt bereits wissen - nicht geltend machen (der Bruttobetrag von Angebotsgebühr + Umsatzsteuer kann als Betriebsausgabe angeführt werden).

Sie ersparen sich selbst und dem Finanzamt viel Arbeit, wenn Sie in Anbetracht der Geringfügigkeit des Betrages auf die Abgabe der Umsatzsteuervoranmeldung verzichten und in der EÜR die eBay-Angebotsgebühr von der Einnahme abziehen. Solange dies nur ein Einzelfall ist, wird dies bei der Steuerprüfung zu keiner großen Beanstandung führen. Im schlimmsten Falle müssen Sie die fällige Umsatzsteuer nachzahlen. Wenn Sie nicht planen, hauptsächlich online zu verkaufen, empfiehlt es sich, überhaupt nicht als gewerblicher Händler in Erscheinung zu treten und sich als Privatperson zu registrieren. Sie zahlen dann die Angebotsgebühren und Provisionen inklusive der luxemburgischen (europäischer Hauptsitz von Amazon und Ebay) Mehrwertsteuer.

Wird dies bei einer Prüfung durch das Finanzamt beanstandet, wird die deutsche Mehrwertsteuer fällig. Die steuerrechtliche Bewertung von Lieferungen und Leistungen multinationaler Konzerne hängt oft vom Standort des Anbieters ab, dieser ist auf Gutschriften und Rechnungen ersichtlich. Bei Warenbestellungen im Ausland über Amazon, eBay etc. kommen die bereits oben genannten Regeln zum Tragen. Bei Einkauf elektronischer Dienstleistungen (z. B. Software, Musik, Apps, E-Books über Playstore oder Amazon) enthalten die Preise bereits die deutsche

Mehrwertsteuer. Sie nehmen den Bruttobetrag für Ihre Betriebsausgaben. Stützt sich Ihr Unternehmen ausschließlich auf den Online-Ein- und Verkauf, ist eine Beratung durch einen Steuerberater mit Erfahrung im EU-Außenhandel bzw. mit Drittstaaten fast unumgänglich, denn innerhalb der EU gibt es keine einheitlichen Mehrwertsteuer- bzw. Umsatzsteuergrenzen, noch kennt man die Kleinunternehmerregelung.

13. Wie finde ich einen guten Steuerberater?

Eine Umfrage in Ihrem Freundes- und Bekanntenkreis kann Sie schon an den richtigen Mann oder die richtige Frau bringen und die beste Referenz ist immer eine Empfehlung. Sollten Sie mit Ihrer gewerblichen Tätigkeit Sonderbereiche berühren, in denen besondere Fachkenntnisse notwendig sind, empfiehlt es sich, über die Internetauftritte der Steuerberaterkammern (www.bstbks.de) den Steuerberater-Suchdienst zu nutzen, dort können Sie nach Fachbereichen und z. B. Sprachkenntnissen, PLZ etc. sortieren.

Steuerberater darf sich nur der nennen, der durch die Steuerberaterkammern geprüft wurde. Für die Zulassung sind ein wirtschaftswissenschaftliches oder rechtswissenschaftliches Studium oder eine kaufmännische Ausbildung und mehrere Jahre Berufserfahrung notwendig. Sie begeben sich also in fachmännische Hände, die ihr Honorar individuell festgelegen. Dabei müssen sie laut der Steuerberatergebührenverordnung viele Dinge berücksichtigen, wie z. B. Bedeutung der Angelegenheit, Einkommens- und Vermögensverhältnisse der Kunden, Umfang und Schwierigkeit der Leistung, Zustand der Belege etc. Es ist auch möglich, ein Pauschalhonorar zu vereinbaren. Unbedingt empfiehlt es sich, mehrere Angebote für steuerberaterliche Leistungen zu vergleichen.

Folgende Leistungen kann ein Steuerberater für ein Kleinunternehmen erbringen:

- Individuelle, steuerrechtliche und betriebswirtschaftliche Beratung
- Finanzbuchhaltung
- Private und gewerbliche Steuererklärungen inkl. EÜR
- Entwicklung Businessplan
- Lohnbuchhaltung
- Überwachung und Kommunikation von Umsätzen/Ausgaben/Gewinnen (Controlling)

Ob Sie einen Steuerberater beauftragen oder Ihre Buchführung selbst machen, hängt sehr stark davon ab, ob Sie die Zeit dafür aufbringen können und ob Sie die notwendigen Kenntnisse und vor allem das Durchhaltevermögen mitbringen. Je weniger das Steuerbüro für Sie erledigen muss, desto niedriger fällt die Honorarabrechnung aus, daher ist es sinnvoll, wenn Sie sämtliche Belege vorab sortieren und zusammenfassen. So können Sie z. B. eingescannte Belege in einem Dokument zusammen verschicken und müssen nicht für jeden Beleg eine E-Mail versenden. Fragen Sie Ihren Steuerberater, was Sie selbst vorab tun können, um den Aufwand so gering und zeitsparend wie möglich zu gestalten und die Arbeit zu erleichtern.

Eine echte Alternative zum Steuerberater ist eine entsprechende Buchhaltungs- bzw. Steuersoftware. Wenn Sie sich Test- und Preisvergleiche ansehen, werden Sie schnell feststellen, ob Sie damit zurechtkämen. Einige Steuerbüros bieten an, dass Sie Ihre Unterlagen selbst erstellen und auf dem Server der Kanzlei hinterlegen. Diese werden dann kontrolliert und Verbesserungen werden vorgenommen. Für Kleingewerbe, die sich trauen, alles selbst zu erledigen, reichen ELSTER und ein Buchhaltungsprogramm oder Excel.

14. Gewerbe-Ummeldung

Sie haben bei der Gewerbeanmeldung Angaben zu Ihrer gewerblichen Tätigkeit gemacht. Möchten Sie Ihre ursprüngliche Geschäftsidee erweitern oder ergänzen, müssen Sie das Gewerbe ummelden. Angenommen, Sie haben Ihr Gewerbe auf den Handel mit bestimmten Artikeln angemeldet, merken aber nach einer Weile, dass dieses Angebot allein nicht genug Gewinn einbringt - dann können Sie das Gewerbe ummelden und eine Erweiterung vornehmen. Immer dann, wenn sich das Angebot an Waren oder Dienstleistungen ändert oder Sie mit Ihrem Gewerbe umziehen, muss eine gebührenpflichtige Ummeldung vorgenommen werden. Die Gebühren entsprechen denen der Gewerbe-Anmeldung. Die Ummeldung kann persönlich, durch einen mit einer Vollmacht ausgestatteten Vertreter oder online gemacht werden.

15. Abmeldung des Gewerbes

Im Falle einer Verlegung Ihres Gewerbes in eine andere Gemeinde oder in eine andere Stadtverwaltung und bei Aufgabe der gewerblichen Tätigkeit muss eine Abmeldung erfolgen. Die Abmeldung hat unverzüglich zu erfolgen und kann persönlich, online oder durch einen mit einer Vollmacht ausgestatteten Vertreter beim zuständigen Gewerbeamt erfolgen. Vorlegen müssen Sie den Gewerbeschein, eine aktuelle Meldebestätigung, Personalausweis oder Reisepass; Gebühren fallen in der Regel nicht an. Je nach Gewerbeart sind weitere Unterlagen erforderlich, Auskünfte erhalten Sie auf der Internetseite Ihres Gewerbeamtes. Das Gewerbeamt informiert bei einer Abmeldung automatisch das zuständige Finanzamt, die IHK und die Berufsgenossenschaft. Sollten Sie Ihr Gewerbe abmelden, sollten folgende Punkte nicht vergessen werden, denn vergessene Kündigungen und weiterlaufende Verträge könnten teuer werden:

- Miete
- Energieversorgung
- Telekommunikation
- Mitgliedschaften kündigen
- Versicherungen
- Werbeverträge, Internetauftritt
- Bankkonto
- Vollmachten
- Ggf. Mitarbeiter kündigen

15.1. DAS GEWERBE RUHEND MELDEN

Wenn Sie Ihr Gewerbe nicht endgültig aufgeben möchten, kommt eine Ruhendmeldung in Frage. Eine Ruhendmeldung macht dann Sinn, wenn Sie die gewerbliche Tätigkeit nach einer Pause wieder aufnehmen wollen. Gründe können z. B. Krankheit, die Geburt eines Kindes, eine längere Reise, ein Todesfall etc. sein. Das Gewerbe ruht dann auf unbestimmte Zeit, denn eine vordefinierte Zeitspanne gibt es nicht. Diese formlose Meldung wird nicht beim Gewerbeamt, sondern beim

Finanzamt angezeigt. Solange das Gewerbe ruht, sind Sie als Unternehmer von allen Pflichten, die durch die gewerbliche Tätigkeit anfallen, entbunden. Eventuelle Konzessionen und Genehmigungen bleiben erhalten und die gewerbliche Tätigkeit kann ohne Probleme jederzeit wieder aufgenommen werden.

Möchten Sie die gewerbliche Tätigkeit wieder aufnehmen, informieren Sie ebenfalls das zuständige Finanzamt. Betriebsausgaben, die während der Ruhendmeldung anfallen, sind weiterhin als Betriebskosten für das Geschäftsjahr anzusetzen. Sollten Sie das Gewerbe über mehrere Jahre ruhen lassen und erzielen nur Verluste, wird Ihnen das Finanzamt das Gewerbe als Liebhaberei werten. Von Liebhaberei spricht man, wenn mittel- und langfristig keine Gewinne von der vermeintlich gewerblichen Tätigkeit zu erwarten sind. Liegt der Gewinn unter 410 € im Jahr, müssen Sie weder Umsätze versteuern noch können Sie Kosten ansetzen.

16. Finanzielle Hilfen für Gründer

1**. Beratungsförderung**: Hilfe bei der Erstellung eines Businessplans zu bekommen und vor der Gründung einen Experten um Rat zu fragen, ist viel wert. Dieser prüft auch, ob Ihre Existenzgründung die Voraussetzung für eine staatliche Förderung erfüllt und welche Förderungsprogramme und Kreditmöglichkeiten es von öffentlicher Hand für Ihre Selbstständigkeit gibt. Die Kosten für diese Beratungsleistung können ganz oder teilweise mit einem Fördermittelcheck übernommen werden. Dies ist ein kostenloser Gründer-Service der EU-Förderung für Selbstständige. Um herauszufinden, welche Serviceleistungen auf Ihren Fall zutreffen, füllen Sie das Formular auf der folgenden Internetseite von „Deutschland startet" aus: https://www.deutschland-startet.de/foerdermittel-check/

Eine weitere Förderung für die Beratung von kleinen Unternehmen bietet die Initiative „Förderung unternehmerischen Know-hows" des Bundesministeriums für Wirtschaft und Ausfuhrkontrolle, die sich neben Existenzgründern auch an bereits gegründete Unternehmen wendet, die nicht länger als zwei Jahre existieren, oder an Selbstständige, die in Schwierigkeiten sind. Diese Initiative läuft bis Januar 2023. Weiterführende Informationen finden Sie hier:

https://www.bafa.de/DE/Wirtschafts_Mittelstandsfoerderung/Beratung_Finanzierung/Unternehmensberatung/unternehmensberatung_node.html

2. Finanzierung durch Fremdkapital: Sollten Sie über nicht genug Startkapital für die Gründung verfügen, stehen Ihnen diverse Kreditgeber zur Verfügung, wie z. B. Ihre Hausbank, diverse Online-Banken oder Förderbanken wie die KfW. Kredite werden mit Zinsen zurückgezahlt und verlangen ggf. Sicherheiten von Ihnen. Die Kosten für einen Kredit unterscheiden sich sehr stark durch verschiedene Laufzeiten, Höhe und hinterlegte Sicherheiten. Es ist empfehlenswert, einen Kostenrechner zu benutzen, der verschiedene Anbieter vergleicht. Dass man über das Internet Kredite von Privatpersonen erhalten kann, ist eine eher neue Form, sich Geld zu leihen. Die Vermittlung von diesen Krediten verlangt eine Provision; Auxmoney 3,5 %, Giromatch 1,2 % des Kreditbetrages, und es fallen ggf. noch Kontogebühren an. Beträge sind hier von 1.000 € bis 50.000 € möglich, mit Laufzeiten bis 84 Monaten (Auxmoney) oder 120 Monaten (Giromatch).

Die KfW-Bank bietet mit dem ERP-Gründerkredit eine Investitionshilfe für Selbstständige und Gründer ohne Eigenkapital. Bis zu 125.000 € können als Darlehen aufgenommen werden mit einem Jahreszins von 1, 21 % (Stand Juni 2021). Weitere Informationen finden Sie auf www.kfw.de

Für eine universelle Hilfe für Selbstständige in den ersten fünf Jahren nach einer Neugründung bietet die KfW ebenfalls entsprechende Kreditformen an.

Bund, Länder und die EU stellen aktuell rund 2000 verschiedene Programme für Zuschüsse und Fördermittel einer Existenzgründung bereit. Um selbst zu prüfen, ob ein staatliches Förderprogramm Ihre berufliche Selbstständigkeit unterstützt, empfehle ich die Förderdatenbank des Bundesministeriums für Wirtschaft und Energie: https://www.foerderdatenbank.de.

3. Darlehen von Freunden oder der Familie: Leihen Sie sich von Angehörigen Geld, sollten Sie auf jeden Fall einen schriftlichen Vertrag aufsetzen, in dem der Darlehensgeber und -nehmer aufgeführt sind mit Datum, der genauen Höhe des Darlehens, Rückzahlungsmodalitäten, Überweisungsdaten, anfallenden Zinsen und Verwendungszweck. Dieses Dokument dient Ihnen auch als Nachweis von Kreditkosten für Ihre EÜR.

17. Mögliche Gründe, warum Selbstständige scheitern

4 von 10 Existenzgründern geben ihre Selbstständigkeit innerhalb der ersten drei Jahre wieder auf. Die häufigsten Fehler liegen in der Fehlplanung, einer schlechten Vorbereitung und in mangelnder Liquidität. Sicherlich gibt es auch sehr individuelle Gründe, warum eine gewerbliche Tätigkeit scheitert, allerdings sollten Sie sich genauer mit den nachfolgenden Punkten beschäftigen, um diese bekannten Fehler für sich auszuschließen.

1. Schlechte Vorbereitung.

Für Existenzgründer gibt es ein riesiges Angebot an Beratungs- und Anlaufstellen (IHK, HWK, Gründungszentren, ARGE, Steuerberater, Business-Coach) und ein vielfältiges Seminar- und Schulungsangebot zum Thema Selbstständigkeit, z. B. von den Volkshochschulen, von der IHK, von Berufsverbänden, Aus- und Weiterbildungsträgern sowie von der Agentur für Arbeit. Werden diese Angebote nicht wahrgenommen und wird auf den Gebrauch von Fachliteratur verzichtet, bleiben wichtiges Basiswissen und unternehmerische Pflichten unbekannt und im schlimmsten Falle kennt man weder den Ausdruck Businessplan noch kann man einen Finanzplan aufstellen.

2. Selbstüberschätzung/Fehleinschätzung der Geschäftsidee.

Wenn sich ein Gründer selbst überschätzt und der Meinung ist, ohne Beratung oder Hilfen auszukommen, ist schon der erste Stolperstein gelegt. Aus Kostengründen wird auf die Leistungen eines Steuerberaters verzichtet, wichtige Software nicht angeschafft oder gar auf Außenwerbung verzichtet. Wenn man ein Nebengewerbe führt, kann man unmöglich alle Aufgaben allein bewältigen und ist womöglich bald überfordert. Wird noch dazu eine Geschäftsidee gewählt, die in den Augen des Gründers zwar jeder braucht, aber dafür in der Realität keine realen Bedürfnisse bzw. Kunden vorhanden sind, ist ein Scheitern abzusehen. Eine genaue Marktanalyse ist unerlässlich, um herauszufinden, ob es einen Bedarf an dem Produkt oder der Dienstleistung gibt. Des Weiteren müssen die Zielgruppe und ein Weg, wie diese erreicht werden soll, genau definiert werden. Seine Konkurrenz zu kennen, ist ebenfalls von größter Bedeutung, und auch, wie diese die bereits vorhandenen Bedarfsstrukturen in welcher Höhe abdeckt.

3. Finanzieller Engpass.

Laut Daniel Schäfer, dem Gründungsexperten und Geschäftsführer des Instituts für Gründung, Finanzierung und Unternehmensentwicklung X-Group, machen alle Gründer denselben Fehler: Sie vergessen in ihrem Rentabilitätsplan, der Auskunft gibt, wie viel Kapital anfangs benötigt wird und ab wann Gewinn erzielt wird, dass in den ersten sechs Monaten, in denen das Unternehmen vielleicht noch nicht gleich mit Umsätzen durch die Decke schießt, die monatlichen Kosten höher sind als die Einnahmen. Dazu kommen noch private Kosten für die Lebensführung. Sind hier keine Rücklagen vorab gebildet worden, um diese Anlaufzeit finanziell zu unterstützen, stehen viele Gründer schon nach wenigen Wochen vor dem Aus.

4. Die Familie steht nicht hinter der Selbstständigkeit.

Vielleicht hat man vorab mit dem Partner alles besprochen und denkt, die Theorie ist von der Praxis ja nicht weit entfernt. Leider merken Familienangehörige, Freunde und der Existenzgründer selbst erst viel später, was es bedeutet, selbstständig zu sein. Möglich ist, dass in den ersten Monaten nur geringe Einnahmen erwirtschaftet werden und das, obwohl man fast 80 Stunden in der Woche arbeitet. Dazu kommt, dass man nicht genügend Zeit für die Familie hat, oft abgespannt und müde ist oder sich die Gedanken nur noch um das Geschäft drehen, falls man allein für das Haushaltseinkommen verantwortlich ist. Wenn der Partner bzw. die Familie nicht hundertprozentig hinter dem Vorhaben stehen, wird es ein sehr steiniger und schwerer Weg.

5. Falsche Geschäftspartner.

Ihren besten Freund kennen Sie schon seit dem Kindergarten und sie haben wichtige Meilensteine in Ihrem Leben stets gemeinsam gemeistert. Was liegt näher, als auch gewerblich ein Team zu bilden? Nun, nicht jeder ist zuverlässig, flexibel, fleißig, gewissenhaft, pflichtbewusst und organisiert im unternehmerischen Sinne und eignet sich als Geschäftspartner. Wenn Sie mit einer Person eine GbR gründen, dann müssen Sie sich im Klaren sein, dass die Anforderungen, die Ihr Betrieb stellt, auch erfüllt werden müssen, und zwar stets fristgerecht, gewissenhaft und zuverlässig. Ihr Geschäftspartner sollte genauso Ihre Vision teilen und über das nötige

Durchsetzungsvermögen verfügen, um nicht nach ein paar Wochen das Handtuch werfen zu wollen. Es mag eine schöne Vorstellung sein, mit einem guten Freund oder einer guten Freundin zu gründen, aber ist die Verbindung auch alltagstauglich im unternehmerischen Stil? Hier sollten Sie einen gesunden Realismus an den Tag legen, um diese Beurteilung zu fällen.

6. Zu hohe Betriebsausgaben.

Stehen die Investitionskosten, die Kosten für eine Geschäftsausstattung, die laufenden Kosten für den betrieblichen Ablauf usw. nicht in einem guten Verhältnis zu den möglichen Einnahmen, machen Sie langfristig mehr Verluste als Gewinne. Betriebsausgaben wie laufende Verträge (z. B. für Miete, Telekommunikation, Wareneinkauf, Versicherungen) sollten regelmäßig auf günstigere Alternativen hin überprüft werden.

7. Krankheiten.

Tauchen unerwartet gesundheitliche Probleme auf, sollte eine langfristige Entscheidung getroffen werden, die der Situation angepasst ist. Das kann die bereits angesprochene Ruhendmeldung des Gewerbes sein oder die Einstellung eines Mitarbeiters. Ist abzusehen, dass man nicht mehr in der Lage sein wird, das Gewerbe fortzuführen, sollte man sich frühzeitig für eine Abmeldung entscheiden.

8. Unzulänglicher Versicherungsschutz.

Fehlen wichtige Versicherungen und es tritt ein Schaden ein, für den Sie als Lieferant oder Dienstleister in die Pflicht genommen werden, kann Sie das die wirtschaftliche Existenz kosten. Unerwartete Anwalts- oder Gerichtskosten können einen Einzelunternehmer in die Zahlungsunfähigkeit führen. Auch Schäden, die durch äußere Einflüsse wie Wasser oder Feuer verursacht werden, können Ihre gewerbliche Tätigkeit stilllegen. Machen Sie sich vor der Gründung mit den Risiken Ihres Gewerbes und mit branchenüblichen Versicherungen vertraut.

9. Warnzeichen ignorieren oder falsch einschätzen.

Monatlich flattern Mahnungen ins Haus, es gibt Auftragsrückstände. Wird nicht rechtzeitig reagiert, kann der Punkt, an dem man noch handlungsfähig gewesen wäre, schnell überschritten sein. Kennen Sie Ihre Buchführung bzw. haben Sie einen Steuerberater, wird Ihnen dies sicher nicht passieren. Wenn Sie merken, dass

Ihr Gewerbe in Schwierigkeiten ist, sollten Sie so schnell wie möglich reagieren und sich fachmännisch beraten lassen. Mögliche Steuerungsinstrumente wie z. B. die Vereinbarung von Ratenzahlungen mit Gläubigern, alternative Zahlungsziele mit Lieferanten, Stundung oder Aufstockung von Krediten sind nur einige Alternativen, um eine Krise zu überstehen. Im schlimmsten Falle muss das Gewerbe abgemeldet bzw. ein Insolvenzantrag gestellt werden. Erkundigen Sie sich bei einer öffentlichen Schuldnerberatung in Ihrer Nähe, ob es Beratungsangebote für Selbstständige gibt. Alternativ kann Ihnen ein Steuerberater oder ein Anwalt weiterhelfen, wobei letzterer für Verhandlungen mit dem Finanzamt oder Gläubigern wie z. B. der Krankenkasse am besten geeignet ist. Auch einige Außenstellen der IHK bieten Beratung für in Not geratene Kleinunternehmen an.

18. Der Businessplan

Gute Gründe für das Erstellen eines Businessplans gibt es viele. Er ist die Voraussetzung für die Beantragung von Krediten, Fördermitteln und Zuschüssen. Falls nicht von einer offiziellen Stelle eingefordert, kann er für den Gründer persönlich als wichtige Entscheidungsgrundlage für oder gegen die Existenzgründung herhalten, denn in ihm werden die Geschäftsidee ausformuliert und ein Finanzierungsplan aufgestellt.

Ob der Businessplan für die Bank, für das Jobcenter, für die Agentur für Arbeit, für einen Vermieter oder Kreditgeber erstellt wird, entscheidet letztendlich über die Form und die Struktur. Es kann Sinn machen, mehrere Pläne zu erstellen, z. B. einen für die Bank und einen für den Gründer persönlich. Wichtig bei der Erstellung eines Businessplanes sind Individualität und Vollständigkeit, insbesondere, wenn er an öffentliche Institutionen gerichtet ist. Fehlen wichtige Angaben, kann man aufgefordert werden, diese nachzureichen (was eine Gründung und finanzielle Unterstützung verzögern kann); im schlimmsten Falle erhält man eine ungewollte Ablehnung. Von einer Nutzung von vorgefertigten Textbausteinen aus dem Internet ist abzuraten, denn diese sind wenig aussagekräftig und wirken künstlich und nicht individuell.

Ein korrekter Businessplan unterteilt sich nach der Fördermittellehre in drei Teile:

1. Finanzplan (für die kommenden 36 Monate der Selbstständigkeit)

Dieser Teil ist der wichtigste Baustein, denn hier bilden Sie Ihr Geschäftsmodell in Zahlen ab und mit diesem Teil steht oder fällt die Förderung. Sollten Zuschüsse seitens des Jobcenters oder der Agentur für Arbeit beantragt werden, sollte hier schlechter gerechnet werden, als wenn es sich um einen Kreditantrag handeln würde.

Der Finanzplan enthält:

- die Ausarbeitung aller betrieblichen anfallenden Kosten wie Vorgründungskosten, Gründungskosten, Investitionskosten, Betriebsmittel, Reserven (für die ersten

6 Monate der Geschäftstätigkeit), Fixkosten, variable Kosten, Finanzierungskosten, ggf. Personalkosten, Steuern, Unternehmerlohn

- private Lebenshaltungskosten
- Welche Umsätze werden erwartet? (Umsatzplanung)
- Auslastungsplanung (bei Dienstleistungen)
- Ggf. Personalplanung

Aufgrund der o. g. Angaben erstellen Sie einen Rentabilitätsplan (Gegenüberstellung Gewinn/Verlust), aus dem hervorgeht, ab wann mit Gewinn gerechnet wird. Ferner leitet sich daraus der Liquiditätsplan ab. All diese Pläne sollten in Tabellenform erstellt werden.

- Gesamtkapitalbedarf und welche Finanzierungsmittel werden dafür eingeplant? (Kredite, Privatdarlehen, Eigenkapital etc.)

(Für alle Förderprogramme und Kreditgeber ist die Auflistung der Investitionskosten wichtig, denn nach 6 bis 9 Monaten muss der Bank bzw. der Förderinstitution nachgewiesen werden, dass das erhaltene Kapital auch für diese beschriebenen Posten ausgegeben wurde.)

2. Lyrischer Teil:

In diesem Teil geht es darum, den Zahlen aus dem Finanzplan ein Gesicht zu geben:

- Um welche Geschäftsidee geht es überhaupt?
- Wer ist der Gründer/die Gründerin und welche fachlichen Qualifikationen gibt es?
- Die Rechtsform der Gründung (Einzelunternehmen oder GbR)
- Saisonale Schwankungen für den Absatz des Produktes oder das Angebot der Dienstleistung
- Gibt es einen Markt (Nachfrage) für das Produkt/die Dienstleistung?
- Preis des Produktes/der Dienstleistung
- Wer und wie groß ist die Zielgruppe?
- Regionale Besonderheiten
- Gibt es Mitbewerber?
- Wie unterscheidet sich die Geschäftsidee von der Konkurrenz?
- Wie möchte man den Markt betreten, welche Werbung kommt zum Einsatz?

- Ggf. Personalplanung
- Welche Risiken gibt es?

Für die Ausarbeitung sind 20 bis 30 Seiten empfohlen. Die Kunst besteht darin, die o. g. Angaben mit Verweisen auf die Anhänge zu versehen. Es muss niemand in diesem Teil einen Lebenslauf lesen oder eine Speisekarte, aber mit Verweis auf den dazugehörigen Anhang können zusätzliche Informationen eingeholt werden.

3. Anhänge:

- Lebenslauf
- Zeugnisse
- Qualifikationsnachweise, Zertifikate
- Gewerbeanmeldung
- Konzessionen
- Produktbeschreibung/Beschreibung der Dienstleistung
- Liste von Kunden oder Interessenten
- Gesellschaftervertrag GbR
- Arbeitsvertrag
- Mietvertrag
- Kontoauszüge
- Schufa/Unbedenklichkeitsbescheinigungen
- Kostenvoranschläge
- Urkunden etc.

In diesem Teil werden alle Nachweise erbracht, dass die Informationen aus dem lyrischen Teil korrekt sind. Zusätzlich gehören auch die Antragsformulare in diesen Teil, z. B. von der Bank oder der Agentur für Arbeit. Der Trend bei EU-Fördermittelprogrammen und Banken geht zu einer elektronischen Version, in der die klassische Variante des Businessplanes durch die Eingabe von Daten in ein elektronisches Formular ersetzt wird.

18.1 TIPPS ZUM ERSTELLEN DES FINANZPLANS

Da der Finanzplan die wohl größte Herausforderung innerhalb des Businessplans darstellt, möchte ich hier eine Hilfestellung anbieten, wie sich die einzelnen Bausteine zusammensetzen. Erinnern wir uns: Auch wenn Sie den Finanzplan nicht zur Vorlage bei externen Institutionen benötigen, kann er Ihnen aufzeigen, ob sich Ihre Geschäftsidee am Ende lohnt oder nicht. Daher sollten Sie diese Kalkulation unbedingt vor einer Gründung aufstellen.

1. Kostenplan

A) Zusammenfassung aller betrieblich anfallenden Kosten:

- Vorgründungskosten (z. B. Beratung, Seminare, Kauf von Software, Marktanalyse etc.)
- Gründungskosten (z. B. Kosten für die Gewerbeanmeldung, Unternehmensberatung, Werbungskosten, Corporate Identity, Kosten für Eröffnungsfeier etc.)
- Investitionskosten, auch Betriebsmittel genannt (z. B. für Betriebs- und Geschäftsausstattung, Patente, Lizenzen, Anschaffung von Maschinen, Kfz, PC, Wareneinkauf etc.)
- Fixkosten (z. B. Miete, Strom, Telekommunikationskosten, Versicherungsbeiträge, Mitgliedsbeiträge, Kontoführungsgebühren etc.)
- Variable Kosten (z. B. für die Produktion benötigte Güter, die abhängig von der Auftragslage eingekauft werden, externe Dienstleistungen, Wartung etc.)
- Finanzierungskosten (alle Ausgaben, die zur Beschaffung eines Kredites anfallen, z. B. Zinsen, Provisionen, Bearbeitungsgebühren etc.)
- Reserven (für die ersten 6-9 Monate nach der Gründung sind die Kosten gewöhnlich höher als die Einnahmen, daher ermitteln Sie einen Betrag, den Sie monatlich benötigen, um überleben zu können)
- Personalkosten (ist bereits bei der Gründung ein Mitarbeiter eingeplant, listen Sie die Personalkosten auf, je nach Beschäftigungsmodell das Gehalt bzw. die eingeplanten Stunden mit Stundenlohn, Lohnnebenkosten und Sozialabgaben)
- Steuerabgaben (z. B. zu zahlende Gewerbesteuer, ggf. Umsatzsteuer)

Da Sie diese Kalkulationen in der Regel vor der Gründung anfertigen und noch keine konkreten Referenzwerte vorliegen haben, sollten Sie die Posten für die betrieblichen Kosten anhand von mehreren Kostenvoranschlägen berechnen. Diese holen Sie im Vorfeld ein und nehmen den Durchschnittswert, bzw. im Falle einer Beantragung von Zuschüssen seitens des Arbeitsamtes den höchsten Wert.

B) Private Lebenshaltungskosten:

- Miete
- Nebenkostennachzahlungen
- Strom
- Beiträge GEZ, Telekommunikationskosten, Internet
- Versicherungen (z. B. Kranken-, Renten-, Haftpflichtversicherungen)
- Aufwendungen für Privatkredite
- Rücklagen für Neuanschaffungen, Urlaub oder Ausbildung der Kinder
- Kosten, die Ihre Kinder betreffen (z. B. Unterhaltszahlungen, Kindergarten, Schulkosten)
- Lebensmittel
- Mitgliedsbeiträge
- Kfz-Kosten

Kosten, die nur zu bestimmten Terminen fällig werden (z. B. halbjährlich, vierteljährlich), müssen auf 12 Monate umgelegt werden. Diese addieren Sie dann zu den monatlich regelmäßig anfallenden Kosten plus einen Puffer für Unvorhergesehenes. Sie erhalten dann die monatlichen Lebenshaltungskosten im Durchschnitt. Leben Sie mit einer Person in einem gemeinsamen Haushalt zusammen, rechnen Sie alle Posten zusammen und ziehen am Ende den Beitrag ab, den Ihr Partner zum gemeinsamen Einkommen beisteuert.

C) Ihr angestrebter Unternehmerlohn kann nun ebenfalls von Ihnen berechnet werden. Dazu addieren Sie zu den Lebenshaltungskosten einen Betrag für die Ersparnisbildung und die Abgaben für Sozialversicherungen und Steuern.

2. Umsatzplanung

Es handelt sich hierbei um eine Umsatzprognose, in der Sie ermitteln, wie viele Dienstleistungen oder Produkte Sie voraussichtlich zu welchem Preis verkaufen werden. Kalkulieren Sie dabei Faktoren ein wie z. B. Vorbestellungen, konkrete Kundenanfragen, Umsatzschwankungen durch saisonale Begebenheiten (Weihnachtsgeschäft, Schulferien) oder Wirtschaftskrisen, Preissteigerungen, Rabattaktionen, neue Konkurrenten. Schätzen Sie diesen Wert für jeden Monat neu und bedenken Sie, dass Ihr Unternehmen in den ersten Monaten Anlaufschwierigkeiten haben könnte. Es handelt sich um eine grobe Schätzung, dennoch sollten die Umsätze glaubhaft sein. Folgende Fragen sollten gestellt werden:

- Beruht die Umsatzplanung auf Wunschdenken oder ist sie eine realistische Schätzung?
- Liegen Branchenwerte und Kaufkraft-Kennziffern zur Ermittlung vor?
- Werden Marketingmaßnahmen im Businessplan formuliert, die den Umsatz herbeiführen sollen?

Im ersten Schritt sollten Sie für sich persönlich Ihren Mindestumsatz errechnen, also den Betrag an verkauften Produkten oder geleisteten Diensten, den Sie monatlich erbringen müssen, um Ihre Kosten (ergeben sich aus Ihrem Kostenplan) zu decken.

A) Ermitteln Sie einen **Preis für Ihre Dienstleistung oder Ihr Produkt** (hier können Sie sich betriebswirtschaftlicher Modelle bedienen oder einen branchenüblichen Preis für eine Dienstleistung festlegen), die Anzahl Ihrer Kunden oder Verkäufe pro Monat und den Nettoumsatz pro Kunde oder pro verkauftes Produkt. Berücksichtigen Sie dabei Ihre Arbeitstage bzw. Stunden, in denen Sie gewerblich tätig sind.

B) Je nach Geschäftsmodell bieten sich **verschiedene Rechnungsmethoden** an:

- Nach Kunden: Kundenanzahl x Ø Umsatz pro Kunde
- Nach Produkt: Absatzvolumen x Ø Produktpreis
- Nach Arbeitszeit: Arbeitszeit x Ø Stundenlohn
- Nach Aufträgen: Anzahl Aufträge x Ø Umsatz pro Auftrag
- Abo-Modell: Anzahl Abonnenten x Ø Abo-Preis
- Online-Shop: Besucher x Conversion x Warenkorb

3. Break-Even-Point

Die Ermittlung des Break-Even-Points zeigt auf, wann genau Ihr Unternehmen die Gewinnschwelle erreicht hat und die Einnahmen genauso hoch sind wie die Kosten. Über diesem Referenzwert machen Sie Gewinn, befinden Sie sich unter ihm, machen Sie Verlust. Der erste Schritt ist die Trennung von fixen und variablen Kosten, da die variablen Kosten von der Umsatzleistung des Unternehmens abhängen. Die Gewinnschwelle wird bei der Absatzmenge erreicht, bei der der Umsatz (Verkaufspreis x Absatzmenge) den gesamten Kosten entspricht. Die Gesamtkosten sind Fixkosten + (Absatzmenge x variablen Kosten). Aus dieser Berechnung ergibt sich folgende Formel:

Verkaufspreis x (X) = Fixkosten + ((X) x variable Kosten)

(X) ist in der Gleichung dabei die gesuchte Absatzmenge

Beispiel: Ein Bio-Limonadenstand auf einem Straßenfest muss täglich 150 € Standgebühren (= Fixkosten, unabhängig von der verkauften Menge) an den Veranstalter zahlen. Ein Becher Limonade kostet die Betreiber 1 € im Einkauf und berechnet sich anhand der Herstellungskosten, Rohstoffe, Becher etc. (variable Kosten, da abhängig von der verkauften Menge). Ein Becher Bio-Limonade wird für 2 € verkauft.

2 € x (X) = 150 € +((X) x 1 €)

Nach Auflösung der Gleichung ergibt sich die Menge (X) = 150

Nach 150 Bechern Bio-Limonade täglich wird Gewinn erzielt.

4. Gesamtkapitalbedarf

Im Kostenplan unter 1.) haben Sie bereits die betrieblich anfallenden Kosten und Privatkosten ermittelt. In den ersten Monaten der Neugründung sind Ihre Kosten in der Regel größer als die Einnahmen. Der Kapitalbedarf gibt Ihnen einen Bezugswert, wie hoch Ihre liquiden Mittel sein müssen, um die gewerbliche Tätigkeit am Laufen zu halten, bis Ihr Unternehmen sich selbst trägt und Gewinne macht. Es werden die Vorgründungskosten, Gründungskosten, Investitionskosten, Betriebskosten für den ersten Monat und private Kosten für den ersten Monat addiert. (Kalkulieren Sie einen Puffer für unvorhergesehene Kosten in Höhe von 10-20 % ein.)

Beispiel Kapitalbedarf:

Kapitalbedarf Gründungskosten:	
Vorgründungskosten	*2.000 €*
Gründungskosten	*2.000 €*
Investitionskosten (Büroausstattung, PC, Wareneinkauf)	*14.000 €*
Reserve für die Startphase	*2.500 €*
Kapitalbedarf für betriebliche Mittel im 1. Monat:	
Miete inkl. Nebenkosten	*560 €*
Telefonkosten	*80 €*
Fahrtkosten	*300 €*
Bürobedarf	*50 €*
Private Ausgaben für den 1. Monat:	
Miete	*650 €*
Strom	*80 €*
Krankenversicherung	*350 €*
Sonstige Versicherungen	*90 €*
Lebensmittel und Getränke	*450 €*
Abzahlung Ratenkredit	*150 €*
Unterhaltskosten für ein Kind	*350 €*
= Gesamtkapitalbedarf für die Gründung und den ersten Monat	***23.610 €***

5. Finanzierungsplan

Hier erklären Sie, wie Sie die Finanzierungskosten Ihres Gewerbes sicherstellen wollen und zu welchen Anteilen Fremd- oder Eigenkapital vorhanden ist. Erläutern Sie bei Fremdkapital, ob es sich um Privatdarlehen oder Bankkredite handelt.

A) Eigenkapital

- Ersparnisse
- Bargeld
- Geldanlagen
- Erträge aus Vermietung und Verpachtung
- Fördergelder
- Private Darlehen
- Einnahmen über Crowdfunding

B) Fremdkapital

- Darlehen und Kredite von Banken oder Kreditportalen
- Fördermittel wie Förderdarlehen
- Dispokredite

Beispiel Finanzierungsplan:

Eigenkapital	*Zinsen pro Jahr*	*Laufzeit*	*Betrag €*
Eigenes Geld (Bargeld, Spareinlagen)			
Staatl. Zuschüsse (z. B. Gründungszuschuss der Agentur für Arbeit)			
Privatdarlehen (z. B. von Familienangehörigen)			
Fremdkapital			
Staatl. Förderdarlehen (z. B. Start-Geld der KfW-Bank)			
Hausbankdarlehen			
*= **Summe Finanzierung***			

6. Liquiditätsplan:

Ein Liquiditätsplan ist erforderlich, da die Zahlungseingänge Ihrer Kunden nicht zeitgleich mit der Rechnungserstellung auf Ihrem Konto eingehen. Genauso gibt es Rechnungen, die Sie nicht im selben Monat begleichen, in dem sie anfallen. Geplante Einnahmen und Ausgaben Ihres Unternehmens werden pro Monat gegenübergestellt und dabei wird der Zeitpunkt einer tatsächlichen Einnahme und einer tatsächlichen Ausgabe berücksichtigt.

Folgende Posten gehören in den **Liquiditätsplan**:

- Gründungskosten
- Investitionskosten
- Steuerabgaben
- Einnahmen und Ausgaben Ihres Geschäftskontos:
  - **Einnahmen**: Umsätze, Zinserträge, Kredite, Steuererstattungen, Fördermittel, Privateinlagen
  - **Ausgaben**: Wareneinkauf, Werbung, Investitionen, Betriebskosen, Kredittilgung, Steuerabgaben

Im Prinzip nehmen Sie dieselben Pläne - den Kostenplan (1.) und den Umsatzplan (2.) - und erstellen die Posten monatlich nach Datum, an dem eine Ausgabe oder eine Einnahme tatsächlich anfällt.

7. Gewinn- und Verlustrechnung (GuV)

Hier wird die Umsatzplanung (2.) der Kostenplanung (1.) gegenübergestellt.

Vereinfacht liegt dieses Schema zugrunde:

Umsätze (aus der Umsatzplanung)
- variable Kosten (aus der Kostenplanung)
= Deckungsbetrag
- Fixkosten (aus der Kostenplanung)
= **Gewinn** oder **Verlust**

8. Rentabilitätsplan

Hier fügen sich fast alle Daten des Finanzplans zu einem Gesamtbild zusammen. Es wird von den geplanten Umsätzen der Waren-/Materialeinsatz abgezogen. Das Ergebnis ist der Rohertrag ohne Umsatzsteuer. Von diesem Rohertrag werden die gesamten Betriebskosten sowie die Gewerbesteuer abgezogen. Was bleibt, ist das Betriebsergebnis (vor Steuern).

Beispiel Rentabilitätsplan (alle Angaben ohne Umsatzsteuer):

Erwartete Umsätze
- Wareneinsatz (entfällt für Dienstleister)
= Rohgewinn
- Ausgaben *z. B. Personalkosten* *Miete* *Betriebliche Steuern* *Versicherungen* *Kfz-Kosten* *Werbekosten, Reisekosten* *Werbung, Marketing* *Reparaturen, Instandhaltung* *Leasinggebühren* *Telefon, Internet* *Bürobedarf* *Beratungskosten* *Zinsaufwendungen* *Abschreibungen* *(= Summe der Aufwendungen)*
= Betriebsergebnis

Das Betriebsergebnis sollte den fiktiven Unternehmerlohn abdecken sowie eine Reserve.

18.2 WIE MACHE ICH EINE MARKTANALYSE?

Bei einer Existenzgründung sollten Sie die Branche, in der Sie Ihre gewerbliche Tätigkeit platzieren möchten, so gut kennen, dass Sie Ihre unternehmerischen Entscheidungen danach ausrichten können. Die Informationen, die Sie aus einer aktuellen Marktanalyse gewinnen, bilden die Grundlage für die Feststellung des Bedarfs, der Nachfrage, des Kundenkreises, der Konkurrenz, des möglichen Umsatzes und nicht zuletzt der zu planenden Marketingmaßnahmen, um sich auf dem Markt zu etablieren, also Werbung für sich und Ihr Unternehmen zu machen. Folgende Themen gehören auch in einen vollständigen Businessplan:

- Wie groß ist der Markt (die Branche, der Geschäftszweig)?
- Interessant sind hier die Daten zu den Gesamtverkäufen pro Jahr bzw. den Umsatzzahlen
- Marktdynamik: Wie entwickelt sich die Branche zukünftig?
- Wachstumsraten der letzten 3-5 Jahre und Trendforschung
- Marktpotenzial: Wie groß kann der Markt maximal werden?
- Hierbei geht es um die Frage, wann der Markt voraussichtlich komplett gesättigt sein wird, also alle Bedarfsstrukturen durch Anbieter abgedeckt sind
- Wettbewerbssituation: Welche Mitbewerber und Konkurrenten gibt es?
- Ihre Konkurrenz sollten Sie genau kennen, deren Angebot und Preise, wie sie sich voneinander unterscheiden und welche Besonderheiten es gibt
- Welche Marktanteile haben Konkurrenzunternehmen und welche streben Sie an?

1. Marktbeschreibung:

- Was ist Ihre Geschäftsidee, was möchten Sie verkaufen, welche Dienstleistung möchten Sie anbieten, haben Sie eine Produktpalette?
- Wo möchten Sie Ihre Produkte, Ihre Dienstleistungen anbieten? Städte/Regionen/Orte
- Zielgruppenanalyse: Wer kauft Ihre Produkte oder Dienstleistungen? (Privatkunden, Unternehmer, Senioren, Kinder, Eltern, Behörden, Gastronomen etc.)

2. Marktgröße definieren:

Lesen Sie Marktstudien, Marktforschungsberichte und Fachzeitungen. Sammeln Sie aktuelle Zahlen und Fakten zu Umsatzzahlen Ihrer Branche. Wichtige Quellen sind Veröffentlichungen des Statistischen Bundesamtes, der IHK, der Berufskammern, der Banken und Branchenverbände. Sollten Sie keine relevanten Daten zu Ihrer Branche finden, müssen Sie die Marktgröße anhand folgender Formel schätzen: Anzahl Käufer x Kauffrequenz x Preis = Marktgröße

3. Marktvolumen bestimmen:

Hier ist nicht der Umsatz der Branche gemeint, sondern die verkaufte Menge an Produkten oder Dienstleistungen. Anhand der verkauften Menge pro Jahr können Sie dann den Umsatz pro Kopf berechnen (entweder pro Bundesland, Region, Stadt etc.).

4. Welche Marktanteile hat die Konkurrenz?

Die Anteile beziehen sich entweder auf die Umsätze oder auf die verkauften Mengen. Zur Berechnung stellen Sie das Marktvolumen den Umsätzen Ihrer drei bis vier größten Konkurrenten gegenüber. Ihre Positionierung sollte berücksichtigt werden: Möchten Sie z. B. Tanz- und Ballettbedarf verkaufen und Ihre Zielgruppe sind professionelle Turnier- und Hobbytänzer, dann bedienen Sie einen viel kleineren Markt und eine viel kleinere Zielgruppe als ein großer Sporthandel mit Filialen in jeder Großstadt, dessen Angebot womöglich den Bedarf nicht oder nur bedingt abdeckt.

5. Der erfolgreiche Markteintritt:

Wie werden die ersten Kunden akquiriert?

- Event-Marketing, z. B. die klassische Eröffnungsfeier, Stand auf einem Festival, einem Fest oder einer Veranstaltung
- E-Mail-Marketing, Versendung einer professionell gestalteten E-Mail, die Werbung für Ihr Gewerbe/Ihr Produkt/Ihre Dienstleistung enthält, vielleicht mit einer Rabatt-Aktion zur Eröffnung und dem Hinweis auf Ihre Homepage
- Pressemitteilung, Versendung einer sachlich-informativen Mitteilung an lokale Medien der näheren Umgebung, z. B. Radiosender, Wochenblatt oder Stadt-Blogger

- Print-Anzeige in der lokalen Presse, z. B. Wochenblätter, Tageszeitungen
- Social-Media, Teilen der Information Ihrer Geschäftseröffnung mit Eröffnungsangeboten bzw. Rabattaktionen
- Veranstalten Sie ein Gewinnspiel auf Social-Media und verlosen Sie Ihr Produkt bzw. Ihre Dienstleistung.
- Online-Anzeige Ihrer Dienstleistung bzw. Ihres Angebots auf Kleinanzeigen-Portalen
- Branchenbuch-Anzeige, Eintragung in die Print- und in die elektronische Ausgabe
- Listung Ihrer Homepage in verschiedenen Suchmaschinen
- Affiliate-Marketing: kaufen Sie Werbefläche oder -zeit auf einer Homepage, einem YouTube-Kanal oder dem Blog eines Werbepartners ein, indem Ihr ausgewählter Partner seine Kunden oder Follower auf Ihr Produkt aufmerksam macht oder diese mit einem Link auf Ihre Homepage weiterleitet. Sie zahlen für jeden getätigten Kauf eine kleine Provision an Ihren Werbepartner
- Flyer, verteilen Sie Wurfzettel in Briefkästen, Bürogebäuden, Cafés und Restaurants, insbesondere dort, wo Sie Ihre potenzielle Zielgruppe vermuten
- Kaufen Sie Werbefläche ein, z. B. Autowerbung oder Plakatwerbung

6. Wie funktioniert erfolgreiche Kundenbindung?

Ein zufriedener Kunde kommt wieder und im besten Falle empfiehlt er Sie weiter.

- Regelmäßige Kommunikation: Bleiben Sie mit Privat- oder Unternehmenskunden in Kontakt, z. B. mit einem Newsletter oder mit Social-Media
- Erzeugen Sie Emotionen! Produkte und Dienstleistungen sind häufig austauschbar. Machen Sie sich einzigartig und geben Sie Ihren Kunden das Gefühl, einzigartig zu sein!
- Geben Sie Ihren Kunden einen Mehrwert, den Nichtkunden nicht bekommen. Das kann z. B. eine besondere Rabattaktion sein, eine Sammelkarte, ein freier Lieferservice, ein kleines Präsent, die Einladung zu regelmäßigen Präsentationsveranstaltungen, kostenlose Produktproben etc.
- Zeigen Sie Wertschätzung! Schreiben Sie zu Feierlichkeiten eine handschriftliche Karte an Ihre besten Kunden, überreichen Sie ein kleines Präsent, bedanken Sie sich für erteilte Aufträge.

- Feedback abfragen! Ein Kunde fühlt sich wichtig, wenn Sie seine Meinung einholen. Nutzen Sie z. B. Ihren Newsletter oder ein Bewertungsportal, um eine Bewertung Ihrer Dienstleistung bzw. Ihres Produktes einzuholen, und geben Sie die Möglichkeit, Verbesserungsvorschläge mitzuteilen.
- Reklamationen sofort und serviceorientiert bearbeiten: Kommunizieren Sie ehrlich und sorgen Sie für schnellen Ersatz und eine kundenfreundliche Lösung.

19. Tipps zur Selbstorganisation

Eine gute Selbstführung ist die Basis für eine erfolgreiche berufliche und private Entwicklung und daher auch verantwortlich für Ihren geschäftlichen Erfolg. Unabhängig von äußeren Einflüssen sind Sie allein für folgende Kernkompetenzen zuständig:

- Motivation
- Zielsetzung
- Planung
- Organisation
- Lernfähigkeit
- Erfolgskontrolle durch Feedback

Um bei einem überquellenden E-Mail-Postfach, klingelndem Telefon, vollem Kopf, Kunden vor der Tür und einer langen To-Do-Liste einen kühlen Kopf zu bewahren, kommen hier ein paar wertvolle Tipps, die Ihnen helfen werden, sich bestmöglich zu organisieren:

1. Notizen machen! Schreiben Sie alles auf und holen Sie damit die Dinge aus Ihrem Kopf. Jede Aufgabe, jeden Plan, jede Idee sollten Sie notieren. Ob es sich dabei um ein elektronisches Dokument handelt, um Post-its oder ein Notizbuch, ist unerheblich. Anhand Ihrer Notizen können Sie Unwichtiges von Wichtigem trennen und fühlen sich besser sortiert.

2. Fristen im Auge behalten und richtig planen! Große Aufgaben bewältigt man leichter, wenn man sie in kleine Schritte zerlegt und genügend Zeit dafür einplant. Fristen für die Steuererklärung oder die Bezahlung von wichtigen Rechnungen sollten in den Kalender eingetragen werden. Wenn möglich, richten Sie eine Erinnerungsfunktion ein und arbeiten Sie mit einer Einzugsermächtigung. Die Abgabe der jährlichen Steuererklärung könnten Sie z. B. mit einer Vorbereitungsphase einplanen und bereits drei Monate im Voraus mit der Sortierung und Bereitstellung der Belege beginnen. Es muss nicht immer alles auf den letzten Drücker passieren.

Je eher Sie eine wichtige Aufgabe erledigen, desto mehr Freiraum haben Sie für andere Dinge.

3. Kleine Dinge sofort erledigen! Werden Dinge endlos aufgeschoben, verursacht dies Stress und das Gefühl der Überforderung. Außerdem lässt die Motivation deutlich nach, also Augen zu und durch!

4. Ordnung halten! Natürlich kann es passieren, dass wichtige Dokumente nicht gleich abgeheftet werden können. Für diesen Fall empfiehlt es sich, einen Ordner oder Sammler anzulegen, um alles dort hineinzulegen und in regelmäßigen Abständen an den richtigen Platz zu bringen. Wenn Sie während des Geschäftsjahres Ihre Dokumente bereits ordentlich nach Themen zusammenfügen, erspart es Ihnen die spätere Suche und Stress. Wichtige E-Mails sollten sofort nach Erhalt sortiert und in elektronische Ordner abgelegt werden, nach Priorität und Verwendung. Unwichtige Dinge dürfen sofort entsorgt und gelöscht werden.

5. Sorgen Sie für eine übersichtliche Ablage, die gut beschriftet und organisiert ist. Das können Ordner sein, Ablagekörbe oder elektronische Ordner für eingescannte Dokumente. Denken Sie daran, dass Sie Belege über viele Jahre aufbewahren müssen. Schaffen Sie Register für eine alphabetische Sortierung an und sortieren Sie nach Datum. Grundsätzlich sollte schon von Beginn an nach Einnahmen und Ausgaben getrennt werden.

6. Schaffen Sie regelmäßig wiederkehrende Arbeitsabläufe und strukturieren Sie Ihren Tag. Sie dürfen sich auch gern selbst eine Tätigkeitsbeschreibung schreiben, nach der Sie Ihre Arbeitsstunden bzw. den Tag gestalten. So kann es z. B. Sinn machen, wenn Sie Ihren Arbeitstag beginnen, indem Sie neue Aufträge checken und diese im selben Arbeitsschritt bestätigen. Fassen Sie Arbeitsschritte zusammen, die bald ganz automatisch von Ihnen erledigt werden. Tragen Sie alle Termine zeitnah in Ihren Terminplan ein! Legen Sie einen genauen Zeitplan fest, wann Sie sich um die Buchhaltung oder um den Einkauf von Arbeitsmitteln kümmern (z. B. jeden Freitag von 16 bis 18 Uhr Buchführung bzw. Administration oder jeweils am ersten Werktag im Monat Einkauf/Bestellung von Arbeitsmitteln).

7. Prioritäten in der Tages-, Wochen- und Monatsplanung. Gehen Sie wöchentlich oder täglich Ihren Terminkalender durch und identifizieren Sie die wichtigen Termine und zeitaufwendige Dinge, die vielleicht nicht wirklich produktiv sind. Planen Sie genügend Puffer zwischen einzelnen Terminen ein, damit Sie nicht von

einem Termin zum nächsten hetzen. Planen Sie Zeit für Unvorhergesehenes ein.

8. Delegieren Sie, wo es geht. Schaffen Sie sich Freiräume und übertragen Sie Aufgaben, die Sie nicht selbst erledigen müssen. Entlasten Sie sich durch eine Aushilfe, einen Steuerberater oder durch externe Dienstleister.

9. Erstellen Sie To-Do-Listen oder Checklisten, die Sie abhaken können, wenn eine Aufgabe erledigt ist. Das verursacht das gute Gefühl, etwas erledigt zu haben!

10. Vermeiden Sie Unterbrechungen und Ablenkungen bei der Erledigung wichtiger Aufgaben. Schalten Sie z. B. das Telefon oder das Radio ab oder verlegen Sie das Schreiben Ihrer Rechnungen auf die frühen Morgenstunden.

11. Planen Sie Auszeiten und Pausen ein! Gestehen Sie sich regelmäßig Pausen zu, in denen Sie abschalten, gesund essen und trinken oder eine Runde spazieren oder joggen gehen. Auch freie Tage sollten Sie, falls möglich, einplanen. Ohne Ihre Gesundheit und Ihr Wohlbefinden funktioniert Ihre Selbstständigkeit nicht!

12. Berücksichtigen Sie Ihren persönlichen Biorhythmus und Abneigungen. Es gibt Menschen, die morgens einige Zeit brauchen, um in die Gänge zu kommen, oder die mit leerem Magen nicht leistungsfähig sind. Termine in den frühen Morgenstunden sollten in dem Falle vermieden werden und es sollte darauf geachtet werden, regelmäßig zu essen. Jemand, der seine neun Stunden Schlaf braucht, ist schlecht bedient, wenn seine gewerbliche Tätigkeit die nächtliche Lieferung von Produkten umfasst. Jemand, der sich in größeren Menschenansammlungen nicht wohlfühlt, ist für das Aufstellen eines Food-Trucks auf Veranstaltungen ebenfalls eher ungeeignet. Auch sollten Sie Allergien und mögliche gesundheitliche Einschränkungen berücksichtigen.

20. Geschäftsideen ohne oder mit wenig Startkapital

Wenn Sie sich noch nicht sicher sind, mit welcher Tätigkeit Sie sich ein Nebeneinkommen aufbauen wollen, folgt hier eine kleine Liste, die Sie hoffentlich inspirieren wird:

- Second-Hand-Laden eröffnen (z. B. für Kleidung, Haushaltsartikel, Möbel)
- Webdesigner (als Webdesigner verbessern Sie das inhaltliche, visuelle und strukturelle Erscheinungsbild von Webseiten)
- Webentwicklung (Programmiertätigkeit)
- Affiliate-Marketing (Sie testen oder stellen neue Produkte auf Ihrer Webseite, in Ihrem Blog oder auf Ihrem YouTube-Kanal vor, leiten interessierte Kunden zum Händler bzw. Hersteller weiter und erhalten bei Kauf eine Provision)
- Virtuelle Assistenz (Sie erledigen klassische administrative Aufgaben für Firmen virtuell, z. B. vereinbaren Sie Termine, führen Kundengespräche, schreiben Geschäftsvorlagen oder organisieren Daten. Es gibt diverse Plattformen, wo Sie sich als virtuelle Sekretärin registrieren und ihre Dienste anbieten können)
- Online-Trainer werden (Sind Sie in einem Bereich besonders qualifiziert, können Sie Ihre Dienste auf verschiedenen Plattformen durch Online-Kurse anbieten, z. B. im künstlerischen oder musikalischen Bereich, Buchhaltung, Sport etc.)
- Dropshipping (Form des Onlineshops, wo nur auf Nachfrage verkauft wird)
- Feinkostladen (Die Nachfrage nach hochwertigen und nachhaltig erzeugten Lebensmitteln ist hoch)
- Unverpackt-Laden (Produkte werden ohne Verpackung verkauft und Kunden können die Waren in ihre persönlichen Behälter umfüllen)
- Lieferdienst für Lebensmittel
- Texter (Auf Projektbörsen finden sich viele interessante Angebote, wo Sie für ein Projekt Texte verfassen können, z. B. Produktbeschreibungen, E-Books, Blogartikel etc.)
- Fitness-Coach

- Ernährungsberater
- Übersetzer
- Food-Truck (mobiler Imbiss, beliebt auf Straßenfesten und Festivals)
- PC- und Handy-Reparatur
- App programmieren
- Hunde-Nanny (Berufstätige suchen Hunde-Spaziergänger)
- Franchise-Unternehmer (Lizenz zum Führen einer bestimmten Marke)
- Hochzeitsplanung
- Computer-/Handytraining für Senioren
- Ware über Amazon verkaufen
- Fotograf
- Catering-Service
- Handgemachte Produkte verkaufen
- Touristenführer
- YouTube-Kanal führen
- Modelabel gründen
- Online-Shop eröffnen
- Home-Stager werden (Einrichtung von unbewohnten Immobilien, damit diese besonders attraktiv auf potenzielle Mieter oder Käufer wirken, nach erfolgreicher Vermietung oder Verkauf wird die Immobilie wieder leergeräumt)
- Spiel-Entwickler, PC-Games oder Brettspiele
- Schmuckdesigner
- Kostümverleih eröffnen
- Tiny-House-Designer (diese winzigen, platzsparenden, nachhaltigen und mobilen Häuser liegen aktuell sehr im Trend)
- Upcycling-Produkte entwickeln (kreativ aus Altem etwas Neues herstellen, nachhaltige Produkte liegen aktuell sehr im Trend)

21. Existenzgründung in Zeiten von Corona

Die Auswirkungen der Corona-Pandemie haben bei Gewerbe und Handwerk gravierende Spuren hinterlassen. Sektoren wie Beherbergung, Gastronomie, Verkehr, Handel, Instandhaltung und Reparatur von Kfz sowie Dienstleistungen haben existenzielle Umsatzeinbußen erfahren. Kleinunternehmer und Selbstständige sind besonders hart betroffen, arbeiten sie doch meist ohne große finanzielle Rücklagen. Unfreiwillige Geschäftsschließungen, abgesagte Veranstaltungen, Kontaktverbote und eingeschränkte Bewegungsfreiheit haben vielen Dienstleistern und Händlern die Erwerbsgrundlage genommen. Laut einer Aufstellung des Bundeswirtschaftsministeriums wurden seit Beginn der Pandemie von Kleinunternehmern, Selbstständigen und Freiberuflern 2,3 Mio. Anträge auf Soforthilfe im Jahr 2020 gestellt, wovon 400.000 Kleinunternehmen im Herbst desselben Jahrs noch auf die Hilfe warteten. Die Auszahlung der Hilfen dauerte länger als von der Politik versprochen.

Laut der deutschen Wirtschaftsauskunftei CrifBürgel droht Deutschland in diesem Jahr (2021) eine Insolvenzwelle. Die Anzahl der Insolvenzen lag im Jahr 2020 zwar 16,5 % niedriger als im Vorjahr, allerdings sei das der Aussetzung der Insolvenzantragspflicht und den Hilfspaketen der Bundesregierung zu verdanken, so das Spezialunternehmen für Wirtschaftsinformationen. Wenig Hoffnung gibt die Prognose für das Jahr 2021, indem CrifBürgel mit etwa 35.500 Insolvenzanträgen rechnet, insbesondere, weil seit Mai dieses Jahrs die Aussetzung der Insolvenzantragspflicht aufgehoben wurde. Kleinbetriebe mit weniger als 10 Mitarbeitern seien besonders betroffen. Die Auswirkungen würden noch bis in das Jahr 2022 reichen, so die Auskunftei, wobei man dabei annehmen müsse, ab dem Sommer würde sich alles wieder normalisieren.

Da Virus-Mutationen auftreten können und täglich Warnungen über erneute Pandemie-Wellen über uns hereinbrechen, kann niemand genau abschätzen, wie sich die Wirtschaftslage zukünftig entwickelt, wann genau sich der deutsche Klein- und Mittelstand erholt haben und Normalität ins Alltagsleben zurückkehrt sein wird.

Wenn Sie vorhatten, sich selbstständig zu machen, dann legen Sie im schlimmsten Falle Ihre Geschäftsidee in die Warteschleife, denn für viele Dienstleistungen und für den Handel ist der Zeitpunkt mitten in einer Krise ungünstig gewählt, insbesondere, wenn Sie über geringe bis gar keine finanziellen Polster verfügen. Aber hier die gute Nachricht: Es gibt Branchen, die von der Krise profitieren. Vielleicht helfen Ihnen die nachfolgenden Informationen, als Gewinner aus der Corona-Krise hervorzugehen bzw. die Krise für Ihren persönlichen Vorteil zu nutzen, indem Sie Ihre gewerbliche Tätigkeit danach ausrichten. Wer seit Beginn der Pandemie besonders gefragt ist[5]:

1. Essens-Lieferdienste, die Ihnen das gastronomische Angebot zahlreicher Restaurants ins Haus liefern
2. Lebensmittel-Lieferdienste; auch Tiefkühlkost-Hersteller wie Bofrost und Eismann erleben einen Boom
3. Online-Handel: Die Pandemie hat dem E-Commerce 2020 eine Brutto-Umsatzsteigerung von 14,6 % auf insgesamt 83,3 Mrd. € beschert und wird weiter wachsen[6]
4. Paketdienste/Postdienstleister, die Ihre eingekauften Waren bis vor die Haustür liefern
5. Software-Unternehmen und Online-Dienste: Durch den Umstieg auf Homeoffice sind vermehrt Videochat- und Videokonferenzprogramme als Ersatz persönlicher Bürokommunikation in Anspruch genommen worden
6. Supermärkte und Drogerien: Der Bedarf an Lebensmitteln für daheim ist durch geschlossene Restaurants und Kantinen angestiegen, ebenso die Nachfrage nach Drogerie-Artikeln
7. Hersteller von Schutzausrüstung und Hygienemitteln (Atemmasken, Schutzanzüge, Desinfektionsmittel, Reinigungsmittel)
8. Produzenten von Medizintechnik

Die Fokussierung auf den heimischen Bereich freute im wirtschaftlichen Sinne aber noch andere Händler: Heimwerker und Baumärkte verzeichneten ein verstärktes Kundenaufkommen; es wurde renoviert, gezimmert, gestrichen und längst fällige Reparaturarbeiten wurden erledigt. Im Gartencenter wurde eingekauft, um den heimischen Garten zu einer Wellness-Oase umzufunktionieren und um

---

[5] Manager-Magazin, Online-Ausgabe vom 22.03.2020, „Gute Geschäfte trotz Shutdown“

[6] Branchenverband BEVH, Mitteilung vom 26.1.2021

„Urlaub auf Balkonien" zu machen. Anbieter von Nahrungsergänzungsmitteln und Super-Food sind gut im Rennen, denn alle Produkte zur Steigerung des Immunsystems und zur Erhaltung und Steigerung des Gesundheits- und Wohlbefindens werden von besorgten und ängstlichen Bürgern gern gekauft. Zu diesem Bereich kann man auch die alternativen Methoden zur Schulmedizin - die Naturheilkunde - zählen: Homöopathie, Pflanzen und Kräuterheilkunde, Schüßler-Salze etc.

Spielehersteller und Spielzeughandel sind gefragt, denn die Familie rückte wieder enger zusammen und beschäftigte die Kinder, dabei stieg die Nachfrage nach dem klassischen Brettspiel genauso wie nach Computerspielen. Viele Deutsche nutzen die Zeit im Home-Office und der geschlossenen Kitas und Schulen, um sich den lang gehegten Wunsch nach einer Schildkröte, einem Goldfisch, Hamster, Kaninchen oder Ähnlichem zu erfüllen. Die Nachfrage nach Haustieren ist gestiegen.[7] Demzufolge werden auch kompetente Hundetrainer, Hunde-Nannys, Kleintier-Pensionen und Haustierbedarf benötigt. Leider ist hochwertiges und in Bio-Qualität hergestelltes Hunde-, Katzen- und Vogelspielzeug immer noch eine Rarität und schwer erhältlich. Online-Shops für Hobby- und Freizeitbedarf verzeichneten eine gute Auftragslage, denn viele Daheimgebliebene beschäftigten sich (wieder) mit kreativen Tätigkeiten wie Malen, Zeichnen, Basteln, Häkeln oder Stricken. Auch Anbieter von Online-Tutorials und Online-Kursen verzeichneten einen rasanten Anstieg der Nachfrage nach Weiterbildungsangeboten oder Freizeitbeschäftigungen wie dem Musizieren oder dem Lernen einer Fremdsprache.[8] Laut einer Online-Umfrage der Evangelischen Akademie Thüringen wird in Zeiten der Krise mehr gelesen als sonst, an erster Stelle Romane, gefolgt von Tages- und Wochenpresse sowie Fachliteratur und Wissenschaftliches, dabei greift der Großteil der Umfrageteilnehmer nach wie vor lieber auf gedruckte Bücher zurück als auf elektronische Formate.[9]

YouTube verzeichnete einen Anstieg von 130 % hinsichtlich Upload-Videos und ist während der Corona-Krise die meistgenutzte soziale Plattform. Es verwundert nicht, dass während der Ausgangssperre Videos mit sportlichem Inhalt wie Yoga, Cardio-Fitness, Walking at Home oder Gymnastik und DIY-Tutorials im

---

[7] Frankfurter Allgemeine, Online-Ausgabe, 16.10.2020, „Auf einmal Zeit für Hund und Katz"

[8] Pressemitteilung Kursfinder.de, 06.04.2020

[9] Evangelische Akademie Thüringen, Pressestelle Erfurt, Sabine Zubarik, 12.05.2020

kreativen und Heimwerker-Bereich doppelt so viele Klicks bekamen wie in normalen Zeiten. Laut einer Forsa-Umfrage, die die AOK Bayern in Auftrag gegeben hat, hat das Arbeiten von Zuhause die Begeisterung für das Zubereiten von gesundem Essen geweckt. Kochen und das Interesse an hochwertigen Lebensmitteln liegen also wieder im Trend. Ebenfalls zeigt die Studie auf, dass der Medienkonsum deutlich angestiegen ist, 51 % der Befragten surfen mehr im Internet als sonst und nutzen Online-Film- und Serienanbieter wie z. B. Netflix. Besonders hervorzuheben ist, dass bei den über 60-Jährigen 25 % der Befragten mehr online surfen als vor Beginn der Pandemie.

Die Technische Universität München hat im April 2021 rund 1000 Erwachsene im Alter von 18-70 Jahren zu veränderten Essgewohnheiten und zur Bewegung während der Pandemie befragt. 40 % der Erwachsenen - Frauen gleichermaßen wie Männer - haben im Durchschnitt während des Shutdowns 5,6 Kilo zugenommen. Bei Personen, die bereits vor Corona mit Gewichtsproblemen zu kämpfen hatten, sind es sogar 7 Kilo. Bewegungsmangel durch geschlossene Fitnessstudios, nicht stattfindenden Vereinssport und durch die Ausgangssperre seien genauso verantwortlich wie eine ungesunde Ernährungsweise.[10] Dies lässt auf den Trend schließen, dass sich während und nach der Krise Dienstleistungen wie Ernährungsberatung, Personal-Coaching, Fitness-Coaching, Sportangebote und der Handel mit Diätprodukten einer besonderen Beliebtheit erfreuen werden.

Eine Studie zum Thema Reisen des ADAC hat ergeben, dass weiterhin eine Zurückhaltung in Bezug auf Fernreiseziele besteht und, wie bereits in den Vorjahren, Deutschland beliebtestes Reiseziel der Deutschen bleibt. Der eigene Pkw bleibt Fortbewegungsmittel Nummer Eins. Beliebtestes Bundesland für Urlaube bleibt Bayern, gefolgt von Mecklenburg-Vorpommern und Schleswig-Holstein. Individuelle Urlaubsformen wie Camping und Urlaub auf dem Bauernhof liegen vorn und die Nachfrage nach kleinen Hotels, Pensionen und Ferienwohnungen wird steigen.[11]

---

[10] Apotheken Umschau, Online-Ausgabe, Andrea Mayer-Halm, 10.06.2021, „Warum die Corona Krise dick macht"
[11] ADAC.de, 03.2021, Tourismusstudie „Die Corona-Pandemie und ihre Wirkung auf die Reiselust der Deutschen"

22. Glossar

Abschreibungen	Begriff aus der Buchhaltung, bezeichnet die Wertminderung von Gütern des Anlage- und Umlaufvermögens, die langfristig genutzt werden. Die Wertminderung entsteht durch Abnutzung.
Anlagevermögen	Güter oder Vermögen, die dauerhaft angelegt sind, um dem betrieblichen Zweck zu dienen, z. B. Grundstücke, Maschinen, Lizenzen, Wertpapiere.
Conversion	Tatsächlicher Verkaufsabschluss im E-Commerce; auch ein Aufruf, Download oder eine Kontaktanfrage können als Ziel definiert werden.
Corporate Identity	Klares einheitliches Erscheinungsbild und Profil eines Unternehmens nach außen mit Wiedererkennungswert, betrifft sämtliche Unternehmensaktivitäten.
Buchführung, doppelte	Grundlage kaufmännischer Buchführung und Basis für Gewinn- und Verlustrechnung sowie der Bilanz.
Erwerbsminderungsrente	Ersetzt das Einkommen bei dauerhafter, gesundheitlicher Arbeitsunfähigkeit.
Existenzgründer	Jemand, der sich eine Existenz gründet oder aufbaut, anderes Wort für Selbstständiger.
Follower	Eine Person, die einer anderen Person, einer Firma oder einer Webseite in sozialen Medien folgt und über Neuigkeiten benachrichtigt wird.
Franchise-Unternehmen	Vertriebssystem mit selbstständigen, externen Unternehmen, die auf dem Markt allerdings einheitlich auftreten. Der Franchise-Nehmer zahlt an den Franchise-Geber Gebühren für die Nutzung seiner Marke.
Gewerbehebesatz	Von Kommunen und Gemeinden festgelegte Kennzahl, die zur Berechnung der Gewerbesteuer dient. Strukturschwache Gemeinden haben in der Regel einen niedrigeren Gewerbehebesatz als strukturstarke Gebiete.

Inkasso-Büro	Zieht im Auftrag von Unternehmen oder Privatpersonen offene Forderungen ein und betreibt Forderungsmanagement (dazu gehören Mahnungen, Vereinbarungen wie Ratenzahlung etc.).
Inventar	Summe der zu einem Betrieb, Unternehmen, Haus oder Hof gehörenden Einrichtungsgegenstände und Vermögenswerte (inklusive Schulden)
Juristische Person	Juristische Form eines Zusammenschlusses von mehreren natürlichen oder juristischen Personen oder deren Vermögen; man unterscheidet juristische Personen des öffentlichen Rechts oder des Privatrechts.
Kaufkraft-Kennzahlen	Gibt das Kaufkraft-Niveau einer entsprechenden Region, eines Bundeslandes, eines Bezirks, einer Postleitzahl etc. pro Einwohner oder Haushalt im Vergleich zum nationalen Durchschnitt an.
Kaufleute	Inhaber eines Handelsgewerbes nach HGB.
Kleintier-Pension	Betreuungsangebot für Haustiere während längerer Abwesenheit der Besitzer.
Körperschaften	Andere Bezeichnung für juristische Person: Zusammenschluss von Personen zu einem bestimmten Zweck, z. B. gemeinnützig, religiös, gewerkschaftlich.
Liquidität	Fähigkeit eines Unternehmens, seinen Zahlungsverpflichtungen fristgemäß nachzukommen. Bezeichnet auch Geldmittel wie Bargeld und Bankguthaben von Privatpersonen.
Minijob-Zentrale	Deutschlandweite offizielle Einzugs- und Meldestelle für alle geringfügig Beschäftigten.
Natürliche Person	Jeder Mensch ist eine natürliche Person und mit Geburt rechtsfähig.
Personenvereinigung	Zusammenschluss von mindestens zwei natürlichen oder juristischen Personen für ein gemeinsames Ziel, unterschieden wird zwischen voll rechtsfähig, teilrechtsfähig oder gar nicht rechtsfähig.

Privatinsolvenz	Umgangssprachliche Bezeichnung für eine gerichtliche Schuldenregulierung, wenn eine Privatperson nicht mehr zahlungsfähig ist und keine selbstständige wirtschaftliche Tätigkeit ausübt oder ausgeübt hat.
Produkthaftung Erweiterte Produkthaftung	Haftung des Herstellers einer Ware, wenn dem Käufer durch den Schaden ein Nachteil entsteht. Werden Produkte oder Waren nicht an einen Endverbraucher geliefert bzw. verkauft, haftet der Hersteller für schadhafte Ware oder Produkte gegenüber dem Zwischenhändler oder der gewerblich bzw. industriell weiterverarbeitenden Produktionsstätte.
Regelinsolvenzverfahren	Bezeichnung für eine gerichtliche Schuldenregulierung von juristischen Personen, die nicht mehr zahlungsfähig sind.
Solidaritätszuschlag	Zusatzabgabe auf Einkommensteuer zur Finanzierung der Wiedervereinigungskosten Deutschlands.
Start-Ups	Unternehmensgründung mit einer innovativen Geschäftsidee mit hohem Wachstumspotenzial.
Steuermesszahl	Faktor zur Ermittlung der Gewerbesteuer in Deutschland. Nach Abzug des Freibetrags wird der Gewerbeertrag mit der Steuermesszahl multipliziert. Sie beträgt einheitlich 3.5 %.
Treuhänder	Hier: ein gerichtlich bestimmter Verwalter, der während eines Insolvenzverfahrens die Aufgabe hat, Schuldnervermögen zu verwalten, zu verwerten und den Erlös an die Gläubiger zu verteilen.
Umlaufvermögen	Güter oder Vermögen, die/das kurzfristig dem betrieblichen Zweck dienen/dient, z. B. für den Verkauf, Verbrauch, die Anzahlung oder Verarbeitung.
Verkehrssteuer	Steuer auf die Teilnahme am Rechts- und Wirtschaftsverkehr.
Warenkorb	Hier: im E-Commerce genutzter Ablageort, um die zum Kauf gespeicherten Waren zu hinterlegen.

Wir danken Ihnen für Ihr Interesse und Ihr Vertrauen. Als Dankeschön dafür, haben wir eine besondere Überraschung. Wir haben exklusiv für Sie **„So erstellen Sie Ihren eigenen Businessplan - inklusive Checkliste“**. Und diese erhalten Sie vollkommen kostenlos. Das klingt wunderbar? Dann warten Sie nicht lange und holen Sie sich Ihr Gratis-Geschenk.

Hier geht es zu Ihrem Gratis-Geschenk:

https://forms.gle/rQ7ZyPSGJerMMsZZ9

1. **Öffnen Sie die Kamera-App auf Ihrem Smartphone und richten Sie die Kamera auf den QR-Code.**
2. **Klicken Sie auf den Link, der Ihnen angezeigt wird und schon werden Sie zur Website weitergeleitet.**

Impressum

Herausgeber: Pegoa Global Media GmbH / Am Sandtorkai 27 / 20457 Hamburg
Kontakt: kontakt@pegoamedia.de
Coverbild: Shutterstock